16

CONTRIBUTIONS A LA FAUNE MALACOLOGIQUE FRANÇAISE

IX

MONOGRAPHIE DES HÉLICES

DU GROUPE DE

L'HELIX UNIFASCIATA

— POIRET —

PAR

ARNOULD LOCARD

LYON

IMPRIMERIE PITRAT AINÉ

4, RUE GENTIL, 4

1885

MONOGRAPHIE DES HÉLICES

DU GROUPE DE

L'HELIX UNIFASCIATA

— POIRET —

Extrait de la Société d'Agriculture, Histoire naturelle et Arts utiles de Lyon
Séance du 7 novembre 1884

DÉPÔT LÉGAL
Rhône
n.º 139
1885

CONTRIBUTIONS A LA FAUNE MALACOLOGIQUE FRANÇAISE

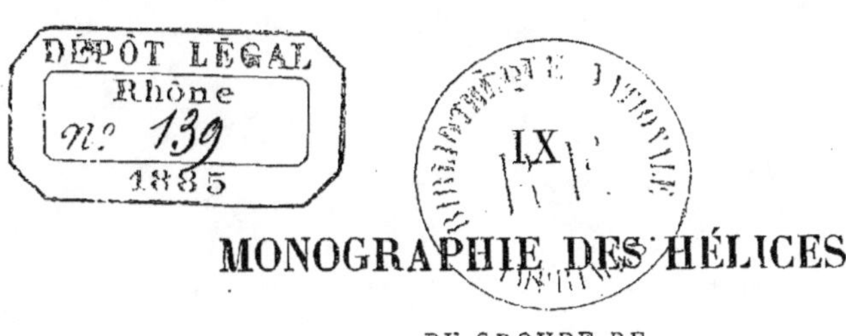

MONOGRAPHIE DES HÉLICES

DU GROUPE DE

L'HELIX UNIFASCIATA

— POIRET —

PAR

ARNOULD LOCARD

LYON

IMPRIMERIE PITRAT AÎNÉ

4, RUE GENTIL, 4

1885

CONTRIBUTIONS A LA FAUNE MALACOLOGIQUE FRANÇAISE

IX

MONOGRAPHIE DES HÉLICES

DU GROUPE DE

L'HELIX UNIFASCIATA

— POIRET —

Lorsque l'on étudie avec soin les petites Hélices communément dénommées *Helix unifasciata, H. candidula, II. rugosiuscula, etc.*, on est frappé des variations que présentent ces coquilles, non seulement suivant l'habitat qu'elles occupent, mais même souvent encore dans le même habitat. Ce ne sont point des variations purement individuelles, comme il est facile de s'en rendre compte par l'étude d'une série d'échantillons, mais bien, du moins pour certains types, des modifications générales affectant des caractères constants, bien définis, faciles à reconnaître, susceptibles en un mot de permettre d'élever au rang d'espèce plusieurs de ces formes. L'examen de plus de deux mille coquilles, appartenant toutes à ce groupe, nous a conduit à en écrire la monographie pour faire suite à celle des Hélices dites striées ou coquilles du groupe de *l'Helix Heripensis* (1) que nous avons déjà publiée.

(1) A. Locard, 1883. *Contributions à la faune malacologique française,* VI; *Monogr. des Hélices du groupe de l'Helix Heripensis,* 1, br. gr. in-8, 68 pages et un tableau.

Mais avant d'entrer en matière, il importe de jeter un coup d'œil
rétrospectif sur l'histoire des principales espèces de ce groupe, et de voir
quelle forme doit être définitivement choisie comme type du groupe.
Nous remarquerons d'abord que l'une d'elles, plus abondamment répandue sur une grande partie du continent français et toujours constante
dans sa manière d'être, a dû, bien certainement, être connue des
anciens auteurs. C'est cette coquille que nous voyons aujourd'hui tour à
tour inscrite sous les noms d'*Helix unifasciata* et *H. candidula*. Comme
c'est précisément à cette forme que nous voulons donner la préférence pour être placée en tête du groupe dont nous nous occupons, il
conviendra donc d'examiner lequel de ces deux noms doit être conservé
définitivement.

Geoffroy, en 1767 (1), est un des premiers auteurs qui ait fait allusion
à cette espèce ; il l'a désignée sous le nom de *Petit Ruban* ou *Ruban
convexe*. Quoique la définition qu'il en donne soit assez médiocre,
nous n'hésitons pas cependant à attribuer au vénérable régent de la
Faculté de médecine de Paris, la paternité du groupe que nous allons
étudier. Mais s'il est probable qu'il a fait entrer dans ce même vocable
quelques espèces du groupe de l'*Helix Heripensis*, il n'en est pas moins
certain que sa définition : *fascia supra unica, subtus plurimis fascis* s'applique très exactement à la description des bandes ornementales de
l'espèce que nous avons en vue. Nous devons avouer, toutefois, que dans
la figuration donnée par Duchesne (2), figuration qui accompagne parfois
l'ouvrage de Geoffroy, il est bien difficile de reconnaître n'importe quelle
espèce parmi les Xérophiliennes.

Poiret, en 1801, définit ainsi l'*Helix unifasciata* (3) : *testa albida, con-
vexiuscula, unica fascia nigra, umbilico mediocri ; diam 3 lin. ; in collibus
apricis.* Pourquoi, dans sa traduction française, Poiret explique-t-il le nom
d'*Helix unifasciata* par *Helix marine*, alors qu'il fait habiter son espèce
sur les côteaux arides ? C'est sans doute parce que Geoffroy avait appli-
qué le nom de *Ruban marin*, à une forme voisine de son *Petit Ruban*.
Dans tous les cas, malgré la brièveté de la définition, on voit qu'elle
s'applique bien à la forme que les auteurs modernes ont appelée soit *Helix*

---

(1) Geoffroy, 1767. *Traité sommaire des coquilles tant fluviatiles que terrestres qui se
trouvent dans les environs de Paris*, p. 49.

(2) Duchesne. *Recueil des coquilles fluviatiles et terrestres qui se trouvent aux environs de Paris*, pl. II. Petit ruban.

(3) Poiret, an IX. *Coquilles fluviatiles et terrestres observées dans le département de
l'Aisne et aux environs de Paris, Prodrome*, p. 81.

unifasciata, soit *H. candidula*. Il ne saurait y avoir aucun doute à ce sujet. Cette Hélice est, du reste, bien commune dans les environs de Paris, et soit dans Poiret, soit dans Geoffroy, il n'y a pas d'autre espèce avec laquelle on puisse la confondre.

A peu près à la même époque, mais pourtant quatre mois après, Draparnaud, dans son *Prodrome* (1), paraît avoir décrit cette même coquille sous le nom d'*Helix bidentata*, en la confondant avec l'*Helix bidentata* de Gmelin (2). En 1805, dans son *Histoire des mollusques* (3), il rectifie son erreur, et fait rentrer cette espèce parmi les neuf variétés de son *Helix striata* (4). Ce serait la var. ι, *alba tota, aut alba fasciata ; labio bidentato*. Comme on le voit, ce malheureux *Helix striata* de Draparnaud comprenait bien des espèces, car il est incontestable pour nous que cet auteur a connu les *Helix Tolosana* (5), *H. Lieuranensis* (6), *H. ruida* (7), *H. Heripensis* (8), *H. Gigaxi* (9), *H. unifasciata* (10), *H. gratiosa* (11), etc. et plusieurs autres espèces affines du véritable *Helix rugosiuscula* (12). Non seulement nous savons que ces espèces vivaient dans la région de la France la plus explorée par Draparnaud, mais nous en avons eu encore la preuve en examinant la collection Sionnest classée d'après les propres indications du maître.

Brard, en 1815, (13) est un des auteurs qui ont le mieux compris et le mieux décrit notre espèce sous ce même nom d'*Helix striata*. Il en donne une figuration que plus d'un auteur moderne serait en droit d'envier. Mais il est probable que comme Geoffroy, il confond avec l'*Helix unifasciata* type plusieurs petites formes du groupe de l'*Helix Heripensis*.

A l'étranger, nous trouvons, en 1812, cette même coquille, ou plutôt

---

(1) Draparnaud, an IX. *Tableau des mollusques terrestres et fluviatiles de la France*, p. 85.

(2) Gmelin, 1788. *Systema naturæ*, édition XIII, p. 3642.

(3) Draparnaud, 1805. *Hist. nat. moll. France*, p. 106.

(4) Nous avons démontré dans un autre travail (*Monogr. Helix Heripensis*) que cette dénomination devait être désormais bannie des catalogues de nos Mollusques de France ; le seul *Helix striata* qui existe est celui de Müller.

(5) *Helix Tolosana*, Bourguignat, 1877. In Locard, 1883. *Monogr. Helix Herip.*, p. 18.

(6) *Helix Lieuranensis*, Bourguignat, 1877. *Loc. cit.*, p. 23.

(7) *Helix ruida*, Bourguignat, 1877. *Loc. cit.*, p. 46.

(8) *Helix Heripensis*, J. Mabille, 1872. *Loc. cit.*, p. 43.

(9) *Helix Gigaxi*, de Charpentier, 1850. *Loc. cit.*, p 54.

(10) *Helix unifasciata*, Poiret, 1801. *Coq. de l'Aisne, Prodr.*, p. 41.

(11) *Helix gratiosa*, Studer, 1820. *Kurz. verzeichn.*, p. 87.

(12) *Helix rugosiuscula*, Michaud, 1831. *Compl. hist. moll.*, p. 14, pl. XV, f. 11-14.

(13) Brard, 1815. *Histoire des coq. terr. fluv. aux environs de Paris*, p. 36, pl. II, fig. 5 et 6.

une variété de cette même coquille très soigneusement décrite et fort habilement figurée par von Alten (1) ; comme son type vit sur le *Thymus serpillum*, aux environs d'Augsbur,, il le baptise du nom nouveau d'*Helix thymorum*. Mais comme nous l'expliquerons plus loin, nous ne pouvons envisager cette forme que comme une simple variété de notre type plus anciennement connu.

En 1820, Studer (2) donna la diagnose de deux espèces qu'il prétendit nouvelles, les *Helix candidula* et *H. gratiosa*. Malgré de longues recherches, nous n'avons pu nous procurer les types de ces espèces, ni même vérifier les diagnoses de cet auteur, l'ouvrage dans lequel elles ont été publiées étant aujourd'hui à peu près introuvable. Mais il est probable qu'on peut leur rapporter les figurations établies par de Charpentier (3). Or, il est incontestable que la figuration qu'il donne pour l'*Helix candidula* de Studer se rapporte à l'*Helix unifasciata* de Poiret. Quant à la figuration plus incomplète de sa var. *b. major* de l'*Helix candidula*, il l'inscrit comme synonyme du nom d'*Helix gratiosa*. Rappelons qu'en même temps cet auteur décrit dans le même travail et pour la première fois l'*Helix Cenisia* (4).

Nous laisserons de côté les nombreuses monographies locales de France, de Suisse, d'Allemagne, où différentes espèces de ce groupe sont citées tour à tour sous des dénominations bien souvent erronées. Nous ne nous occuperons ici que des traités généraux et des iconographies. Michaud, dans son *Complément à l'histoire des mollusques* de Draparnaud (5) nous fait connaître une forme nouvelle, dont le galbe diffère peu de celui de l'*Helix unifasciata*, mais dont l'ornementation s'en distingue par des stries beaucoup plus fortes qui donnent au test un aspect rugueux ; il crée ainsi son *Helix rugosiuscula*, d'après un type provençal, des environs d'Aix. C'est à la suite de cette spécification que les erreurs les plus graves ont été commises ; toute coquille, sous prétexte que son test était rugueux, a été baptisée du nom d'*Helix rugosiuscula*, sans tenir compte des autres caractères. Il en est résulté que l'on a attribué à cette espèce une extension géographique beaucoup p'us étendue qu'elle ne le comporte.

<hr>

(1) V. Alten, 1812. *System. abhandl. erd und flusconch*, p. 56, pl. V, f. 9.
(2) Studer, 1820. *In* Gartner, *Narturwiss. ameig. Schweiz, Gessellsch. Bern*, III, n°° 11-12, p. 87.
(3) De Charpentier, 1877. *Catalogus moll. terr. fluv. Suisse*, p. 12, pl. I, fig. 20.
(4) De Charpentier, 1837. *Loc. cit.*, p. 12, pl. I, fig. 21.
(5) Michaud, 1831. *Compl. hist. moll.*, p. 14, pl. XV, fig. 11-14.

Ludovic Pfeiffer ne paraît pas avoir connu les vrais types de ces différentes espèces. Dans le principe, il n'admet (1) que l'*Helix candidula*
de Studer, et range d'après de Ferussac en synonyme, l'*Helix unifasciata*
de Poiret. Pour lui, l'*Helix gratiosa* n'est également qu'une variété de la
forme précédente (2); il renvoie pour la figuration de cette espèce à
l'atlas de Charpentier. Quant à l'*Helix rugosiuscula*, il commence par la
confondre (3) avec la variété β de l'*Helix trochoides : obsoleta carinata,
costulato-striata, plerumque fusco-maculata ;* et plus tard (4), il l'admet
au rang d'espèce, mais comme nous aurons occasion de le voir, il le confond avec d'autres types. Enfin, il n'admet l'*Helix Cenisia* de Charpentier que comme simple variété de l'*Helix apicina* (5).

Postérieurement, dans le même ouvrage revu par M. S. Clessin (6),
nous trouvons une partie seulement de ces erreurs rectifiées : les *Helix
candidula* Studer, *H. spirilla* Westerlund, *H. rugosiuscula* Michaud, et
H. Paladilhei Bourguignat, sont bien admises comme espèces, mais les
Helix gratiosa Studer et *H. Cenisia* de Charpentier, ne sont encore que
de simples variétés. C'est le même ordre d'idée que nous trouvons également dans le catalogue de M. le docteur Kobelt (7), qui admet les
mêmes espèces et les mêmes variétés que M. S. Clessin.

Moquin-Tandon (8) est de tous les auteurs, celui qui a le plus mal
interprété le groupe. Il n'admet qu'une seule espèce, l'*Helix unifasciata ;*
pour lui, les *Helix rugosiuscula* et *H. gratiosa* ne sont que de simples
variétés qu'il met au même rang que ses var. *radiata, interrupta, thymorum, obscura* et *alba* de l'*Helix unifasciata ;* mais, en outre, il recon-
naît pour ces deux variétés *rugosiuscula* et *gratiosa* des sous-variétés
identiques à celles du type. Il est difficile de mieux embrouiller la
notion de l'espèce et celle des variétés ou sous-variétés.

M. l'abbé Dupuy (8), plus logique, admet au moins les deux espèces :
Helix candidula et *H. rugosiuscula ;* malheureusement, comme nous le
verrons plus loin, ses figurations ne se rapportent pas exactement aux
types. Enfin, il rejette comme douteuses les synonymies d'*Helix unifas-*

(1) L. Pfeiffer, 1848 *Nom. Helic. vivent.*, t. I, p. 168.
(2) L. Pfeiffer, 1848. *Nom. Helic. vivent.*, p. 443.
(3) L. Pfeiffer, 1848. *Loc, cit.*, p. 480.
(4) L. Pfeiffer, 1853. *Loc. cit.*, t. III, p. 134.
(5) L. Pfeiffer, 1848. *Loc. cit.*, t. I, p. 170 et 443.
(6) S. Clessin, 1881. *Nom. Helic. vivent.*, p. 132 et 133.
(7) Kobelt, 1881. *Catalog. europ. binenconch.*, p. 234.
(8 Moquin-Tandon, 1855. *Hist. moll. France*, II, p. 234.
(9) Dupuy, 1847. *Hist. nat. moll.*, p. 271 et 282.

ciata et s'en tient à la dénomination d'*Helix candidula*, donnée postérieurement par Studer (1).

En 1866, M. Bourguignat fait connaître une nouvelle espèce de ce groupe l'*Helix Paladilhei* (2), espèce qui, du reste, n'a été contestée par aucun auteur.

Dans son ouvrage sur la faune européenne, M. Agardh Westerlund (3) admet les *Helix candidula* Studer, *H. rugosiuscula* Michaud, et *H. Paladilhei* Bourguignat. En même temps, il signale une variété nouvelle de l'*Helix candidula*, la *var. spirilla*, qui fut plus tard à juste titre élevée au rang d'espèce, et que nous retrouvons dans le catalogue de M. S. Clessin.

Le nombre des espèces admises jusqu'à ce jour se bornait donc, en résumé, à quatre ou cinq espèces, lorsqu'en publiant notre Prodrome de malacologie française, nous avons donné (4) dans le groupe de l'*Helix unifasciata*, sur les indications de M. Bourguignat, plusieurs espèces nouvelles, les unes inédites comme les *Helix Jeanbernati* et *H. acosmia*, les autres déjà décrites par M. J. Mabille comme les *H. Ilicetorum* et *H. Belloquadrica*. Depuis cette époque, nous devons à M. P. Fagot la connaissance de deux espèces nouvelles (5), les *Helix Aurigerana* et *H. Ussatensis*. Aujourd'hui, nous reconnaissons qu'il convient de modifier notre classification, et nous ajoutons à ce même groupe les *Helix apicina* et l'*Helix Paladilhei* que nous distrayons du groupe de l'*Helix Ramburi*. Enfin, nous donnons la description de cinq espèces nouvelles absolument distinctes des formes déjà connues. C'est donc en définitive un total de dix-huit espèces que nous inscrivons désormais dans ce groupe.

En résumé, nous reconnaissons qu'il convient d'admettre définitivement le nom d'*Helix unifasciata* Poiret, de préférence à celui d'*Helix candidula* Studer. Nous avons, en cela, le regret d'être en contradiction avec plusieurs auteurs ; mais les lois de la priorité sont formelles en pareille matière, et nous imposent un tel choix. La définition de Poiret, le nom même qu'il donne à sa coquille, nous démontrent suffisamment qu'il ne peut y avoir la moindre ambiguïté à l'égard de cette espèce. Il est vrai qu'il y a encore des naturalistes qui en sont à citer aujourd'hui

(1) Nous citerons également pour mémoire Rossmässler, 1854. *Iconogr.*, t. III, p. 25 et 26, qui fait une épouvantable confusion de toutes les Hélices des groupes de l'*Helix Heripensis* et *H. unifasciata*, faute d'avoir reçu de bons types.

(2) Westerlund, 1876. *Fauna europæa molluscorum Prodr.*, p. 107.

(3) Bourguignat, 1866. *Moll. nouv. litig.*, 6ᵉ déc., p. 180, pl. XXX, fig. 1-5.

(4) A. Locard, 1882. *Prodrome de malacol. franç.*, p. 111.

(5) P. Fagot, 1884. *Diagn. esp. nouv. pour la faune franç.*, p. 7.

dans des catalogues français l'*Helix striata*, de Draparnaud, alors qu'il
est bien démontré que ce nom a été donné, trente ans auparavant, par
Müller à une espèce absolument différente ! Sans doute pour cette coquille comme pour bien d'autres, ils se bornent à copier des noms dans
quelques vieux ouvrages à leur portée, sans prendre la peine de vérifier
les textes ou les dates. Quoi qu'il en soit, nous maintiendrons quand même,
les droits de priorité justement acquis par Poiret, et c'est précisément
cette espèce que nous prendrons comme type de notre groupe, puisque
c'est à la fois la plus anciennement connue et la plus répandue.

Pour mener à bonne fin la tâche que nous nous sommes proposée,
nous avons eu recours à bien des collections. Qu'il nous soit permis de
remercier ici nos amis et collègues, MM. Bérenguier, Coutagne, P. Fagot,
frère Florence, Nicolas, Charles Perroud, et plus particulièrement encore
M. J.-R. Bourguignat qui a bien voulu non seulement nous communiquer
les précieux types de sa belle collection, mais encore nous éclairer de ses
généreux conseils.

DESCRIPTION DES ESPÈCES

GROUPE DE L'HELIX UNIFASCIATA

Le groupe de l'*Helix unifasciata* comprend la série des Hélices ayant
dans leur galbe une analogie réelle avec celui de l'*Helix unifasciata* type,
tel que nous aurons à le décrire, et tel, du reste, qu'il est compris actuel-
lement par la plupart des auteurs, soit sous ce nom, soit sous celui d'*Helix
candidula*. Ces Hélices sont toutes de taille assez petite puisque leur
diamètre maximum ne dépasse pas une dizaine de millimètres. Une seule
espèce est un peu plus grande que les autres. Leur test est en général
solide, épais, crétacé, de coloration blanche ou brune, avec ou sans bande
carénale ; la surface du test est ornée de stries longitudinales, assez fortes,
assez irrégulières, plus accentuées que celles du groupe de l'*Helix Heripensis*, sauf pourtant chez deux espèces, les *Helix unifasciata* et *H. gra-*

tiosa. En dessus, la spire passe de la forme déprimée à la forme conique assez élevée, tandis que le dessous est toujours assez fortement convexe ; le dernier tour est tantôt arrondi, tantôt anguleux et comme caréné ; enfin l'ombilic présente des caractères d'allure et de dimension très variables. C'est sur le mode de groupement de ces différentes manières d'être de la coquille que nous nous sommes basé pour établir dans ce groupe les dix-huit espèces que nous allons successivement décrire.

Mais il importe d'établir un sous-classement parmi ces différentes espèces. Ainsi que nous l'avons fait pour les autres Xérophiliennes du groupe de l'*Helix Heripensis*, nous nous servirons des caractères ombilicaux pour établir les trois sous-groupes suivants :

A. — Sous-groupe comprenant des coquilles à petit ombilic, toutes plus ou moins déprimées en dessus, avec le dernier tour plus ou moins anguleux :

> *Helix Jeanbernati,* Bourguignat.
> — *Paladilhei,* Bourguignat.
> — *rugosiuscula,* Michaud.
> — *spirilla,* Westerlund.
> — *Belloquadrica,* Mabille.
> — *Mouqueroni,* Bourguignat.

Dans ce sous-groupe, l'*Helix Jeanbernati* représente la forme la plus déprimée, et celle dont le dernier tour est le plus anguleux à sa naissance sur une plus grande longueur ; l'*Helix Mouqueroni,* au contraire, représente la forme la moins déprimée avec le dernier tour le moins anguleux. Toutes ces formes sont déjà connues, et deux d'entre elles ont des figurations.

B. — Sous-groupe comprenant des coquilles à ombilic moyen, avec une spire plus ou moins déprimée, et le dernier tour plus ou moins arrondi :

> *Helix gratiosa,* Studer.
> — *unifasciata,* Poiret.
> — *Cenisia,* de Charpentier.
> — *acosmia,* Bourguignat.
> — *microphana,* Bourguignat.
> — *Ilicetorum,* J. Mabille.
> — *Garoceliana,* Locard.
> — *Tarasconensis,* Bourguignat.

Telles que nous les avons classées, ces Hélices ont leur spire de moins en moins déprimée ; en outre, les deux premières comme nous l'avons déjà dit, ont seul le test plus finement strié que celui des autres espèces de ce groupe ; chez elles ce sont plutôt des stries très fines que des costulations. Trois de ces formes sont déjà figurées, deux seulement sont nouvelles, les *Helix Tarasconensis* et *Garoceliana*.

C. — Sous-groupe comprenant des coquilles à grand ombilic et toutes avec une spire conique :

> *Helix Elimberrisiana*, Locard.
> — *Aurigerana*, P. Fagot.
> — *Ussatensis*, Bourguignat.
> — *Arelatensis*, Locard.

Ces quatre espèces ont toutes un ombilic notablement plus grand que celui des espèces du sous-groupe précédent ; elles sont classées suivant les dimensions progressives de cet ombilic, de telle sorte que de toutes les espèces du groupe de l'*Helix unifasciata* c'est l'*Helix Arelatensis* qui a de beaucoup l'ombilic le plus grand.

Ce groupe, dans la classification générale des mollusques de France, doit nécessairement être inscrit après celui de l'*Helix Heripensis*. Il en diffère par l'ensemble même de ses caractères ; en général, les espèces qu'il renferme sont plus petites, plus trapues, plus subglobuleuses ; les tours de la spire sont plus étagés, même chez les formes déprimées, et surtout plus nettement séparés, avec une suture plus profonde. Le dessous est notablement plus convexe. Enfin, sauf chez deux espèces, le test est orné de stries longitudinales plus fortes, plus profondément burinées, plus irrégulières, mais moins accusées pourtant que celles du groupe de l'*Helix costulata*.

On nous objectera sans doute qu'il eût peut-être mieux valu prendre pour type de groupe l'*Helix rugosiuscula* dont le test offre le caractère dominant du groupe au point de vue de son ornementation, de préférence à l'*Helix unifasciata* qui semble au contraire faire exception à ce point de vue ; nous répondrons que dans ce choix nous avons cru devoir donner la préférence à l'espèce la plus connue et la plus répandue. Or, l'*Helix unifasciata* se trouve dans une grande partie de la France, et constitue des colonies très populeuses ; c'est en outre une espèce sur laquelle il n'y a pas la moindre équivoque. L'*Helix rugosiuscula*, au contraire, est comme nous allons le voir, une forme relativement peu commune, localisée dans certaines localités, où elle est assez abondante il est vrai, mais avec un areageographique toujours restreint. Enfin, au sujet de cette même espèce il y a eu de telles confusions spécifiques qu'il eût été à craindre, si nous l'eussions prise pour type du groupe, de voir encore de nouvelles interprétations erronées se produire. Telles sont les considérations qui nous ont conduit à donner à ce groupe le nom de groupe de l'*Helix unifasciata*.

Les différentes espèces de ce groupe ont un modus vivendi analogue à celui des Hélices du groupe de l'*Helix Heripensis*, avec cette différence pourtant que nous les trouvons à des altitudes beaucoup plus variées. La plupart se plaisent dans la région des plaines basses et des vallées, tantôt, lorsque le temps est sec, cachées sous les pierres calcaires, ou adhérant à leur surface, tantôt, lorsque survient une bienfaisante humidité, grimpant le long des tiges des frêles graminées des champs. D'autres, au contraire, vivent à de hautes altitudes non loin de la région des neiges éternelles de nos sommets alpestres. Mais quel que soit leur habitat, elles n'y sont ordinairement jamais bien rares. Leur reproduction est telle qu'elle constitue presque toujours des colonies populeuses quoique souvent assez dispersées.

Au point de vue de la dispersion géographique, deux de ces espèces, les *Helix unifasciata* et *H. gratiosa* sont plus particulièrement répandues dans les centres taurique et alpique, principalement dans la partie nord et orientale. Nous ne les connaissons pas dans le centre hispanique, et M. P. Fagot qui a si bien exploré toutes les régions pyrénéennes de la France, nous confirme ce fait et rejette avec nous toute détermination se rapportant à ces espèces pour des Hélices pyrénéennes. Quant aux formes à test rugueux, orné de stries plus fortes, plus irrégulières, les unes appartiennent au centre alpique comme les *Helix Cenisia* et *H. microphana*, tandis que les autres s'étendent dans le sud de la France. « Le groupe des *acosmiana*, nous écrit M. P. Fagot, n'a encore été constaté que dans la France méditerranéenne, ou dans la partie du sud-ouest soumise aux influences maritimes ; il remonte assez haut dans quelques vallées pyrénéennes, toujours dans les parties calcaires de la région inférieure, et uniquement exposées au midi et au levant. »

Dans un tableau général placé à la fin de ce mémoire, nous avons réuni les principaux caractères propres à chacune de nos espèces. Nous avons adopté dans les descriptions qui vont suivre, le même ordre de classement que dans notre tableau (1). Plusieurs des espèces de ce groupe ayant été déjà très exactement figurées dans plusieurs ouvrages, il ne nous a pas paru utile de reproduire dans ce travail de nouvelles figurations.

A. — Coquilles à ombilic étroit

HELIX JEANBERNATI, Bourguignat

Helix Jeanbernati, Bourguignat, 1878. *Mss.* — 1882. *In Locard, Prodrome de malac. franç.*, p. 112 et 336.

DESCRIPTION. — Coquille de petite taille, d'un galbe général très déprimé, caréné, subconoïde en dessus, un peu renflé en dessous. Test solide, épais, crétacé, subopaque, orné de stries longitudinales ondulées assez fines, assez régulières, aussi fortes en dessous qu'en dessus, atténuées seulement à la naissance de l'ombilic ; d'un blanc légèrement jaunâtre, avec quelques flammulations d'un fauve très pâle irrégulièrement disséminées en dessus, et des traces de bandes de même coloration difficilement visibles en dessous. — Spire subconoïde, peu élevée, composée de cinq à cinq et demi tours à profil peu convexe, régulièrement étagés les uns au-dessus des autres, séparés par une suture assez profonde chez les premiers tours, et presque superficielle au dernier. — Croissance spirale lente et régulière, à peine un peu plus rapide à l'extrémité du dernier tour. — Dernier tour très nettement anguleux à sa naissance ; angulosité se poursuivant sur une longueur égale au quatre cinquièmes de la circonférence externe ; obtusément anguleux à l'extrémité ; profil beaucoup plus convexe en dessous qu'en dessus. — Insertion du bord supérieur de l'ouverture notablement inférieure à la ligne carénale, notablement tombante, mais sur une très faible longueur. — Sommet obtus, lisse, un peu brillant, d'un fauve clair, sur un tour et demi de la spire environ. — Ombilic très étroit, profond, un peu évasé au dernier tour, laissant voir à sa naissance l'avant-dernier tour sur les trois quarts de sa circonférenc :

----

(1) Dans le cours de notre travail, on pourra remarquer que quelques-unes de nos descriptions ne sont pas absolument conformes, à la lettre même, à celles qui ont été déjà données par les auteurs créateurs des espèces. Cela tient à ce que voulant rendre nos descriptions comparatives, nous avons dû, tout en ayant en main les types même qui avaient servi aux auteurs, établir une sorte d'équilibre entre les termes et les expressions employées, pour que leur valeur soit, avant tout, à la fois relative et comparative.

interne, mais sur une très faible largeur. — Ouverture très oblique, peu
échancrée par l'avant-dernier tour, à bords assez rapprochés, transversalement semi-oblongue. — Péristome discontinu, droit, aigu, très en-
crassé intérieurement par un gros bourrelet blanc plus épais en bas qu'en
haut, et qui rétrécit notablement l'entrée de l'ouverture ; bord supérieur
presque rectiligne sur une faible longueur ; bord extérieur arrondi, mais
un peu anguleux dans le haut, au point correspondant avec la ligne carénale ; bord inférieur largement arrondi ; bord columellaire court, un peu
anguleux, très légèrement évasé sur l'ombilic qu'il recouvre à peine.

Dimensions. — Diamètre maximum : 5 millim.

            Hauteur totale :   3   —

Observations. — Cette petite espèce, dédiée par M. Bourguignat à
M. le docteur E. Jeanbernat, secrétaire de la Société d'histoire naturelle
de Toulouse, représente dans le groupe de l'*Helix unifasciata* la forme la
plus déprimée, et celle dont le dernier tour est le plus anguleux sur une
plus grande longueur de sa périphérie externe. En outre, son ombilic
tout en étant très petit, laisse cependant voir une assez grande partie de
l'avant-dernier tour, mais il est vrai sur une très faible largeur. Un autre
caractère particulier de cette coquille, c'est la disposition de ses stries
ornementales ; elles sont régulières et également fortes en dessus et en
dessous. Par ses stries, l'*Helix Jeanbernati* se rapprocherait ainsi de bon
nombre d'espèces du groupe de l'*Helix Heripensis ;* mais par son galbe,
il a beaucoup plus d'analogie avec l'*Helix unifasciata* et ses formés affines.

Habitat. — Cette espèce paraît peu commune. Elle vit sur les rochers
arides aux environs de la Sainte-Beaume dans le Var. M. Fagot nous a
communiqué deux échantillons un peu moins typiques récoltés à Sainte-
Lucie, près Narbonne, dans l'Aude.

HELIX PALADILHEI, Bourguignat

Helix Paladilhei, Bourguignat, 1866. *Moll. nouv. Litig.*, 6ᵉ déc., p. 180, pl. XXX, fig. 1-5.

Description. — Coquille de petite taille, d'un galbe général subglobuleux-déprimé, subcaréné, un peu conoïde en dessus, bien renflé en dessous. — Test assez solide, un peu mince, subcrétacé, subopaque, orné
de stries longitudinales ondulées, assez fortes, assez irrégulières, un peu

plus accentuées en dessus qu'en dessous, plus saillantes et comme noueuses vers la ligne carénale, à peine atténuées à la naissance de l'ombilic ; d'un blanc corné, tantôt clair, tantôt foncé, le plus souvent très irrégulièrement flammulé en dessus, avec des bandes étroites, continues ou discontinues, irrégulièrement espacées et en nombre très variable en dessous. — Spire subconoïde, peu élevée, composée de cinq à cinq et demi tours à profil légèrement convexe, assez régulièrement étagés les uns au-dessus des autres, séparés par une ligne suturale profonde, bien marquée jusqu'à l'extrémité. — Croissance spirale lente et très régulière depuis la naissance jusqu'à l'extrémité. — Dernier tour très nettement anguleux-caréné à sa naissance ; angulosité visible jusqu'à l'extrémité du tour, mais de plus en plus atténuée, bien saillante sur la première moitié du tour, par suite de l'épaisseur des stries en ce point ; profil beaucoup plus convexe en dessous qu'en dessus. — Insertion du bord supérieur du dernier tour immédiatement au-dessous de la ligne carénale, à peine tombante et sur une très faible longueur à son extrémité. — Sommet lisse, obtus, brillant, d'un fauve corné assez foncé, parfois noirâtre, sur un tour et demi de la spire environ. — Ombilic très étroit, profond, très légèrement évasé au dernier tour, laissant voir sur une très faible largeur, la moitié de la circonférence interne de l'avant-dernier tour. — Ouverture très oblique, un peu échancrée par l'avant-dernier tour, transversalement un peu oblongue-arrondie. — Péristome subdiscontinu, droit, aigu, légèrement épaissi intérieurement dans le bas ; bord supérieur et bord droit, arrondis, un peu courts ; bord inférieur, plus largement arrondi, parfois un peu méplan ; bord columellaire court, arrondi et très légèrement réfléchi sur l'ombilic qu'il recouvre à peine ; bords marginaux réunis par un très faible callum.

DIMENSIONS. — Diamètre maximum : 6 1/2 à 7 1/2 millim.
Hauteur totale :   3 1/2 à 4 1/4 —

OBSERVATIONS. — L'*Helix Paladilhei* a été très exactement et très scrupuleusement décrite et figurée par M. Bourguignat, il y a déjà quelques années ; depuis cette époque, on l'a retrouvée dans un assez grand nombre de stations. Dans notre *Prodrome* (1), nous avions cru devoir la rapprocher de l'*Helix Ramburi* (2). Mais un nouvel examen des différentes espèces

(1) Locard, 1882. *Prodrome de malac. franç.*, p. 107.
(2) *Helix Ramburi*, J. Mabille, 1867. *Arch. malac.*, p. 28.

de ces petites Xérophiliennes nous a conduit, sur les bons conseils même de M. Bourguignat, à modifier ce premier mode de classement, et à faire rentrer l'*Helix Paladilhei* dans le groupe de l'*Helix unifasciata*.

Les caractères de cette espèce sont bien constants, quel que soit l'habitat où on l'observe. Nous possédons cependant un échantillon recueilli à Palavas, dans l'Hérault, qui diffère du type par certains caractères assez précis. Dans cet individu, l'ombilic est notablement plus large, l'avant-dernier tour y est vu sur les trois quarts de sa circonférence interne, et sur une largeur double au moins, par rapport au type ; enfin, l'insertion du bord supérieur de l'ouverture au lieu dite infracarénale est immédiatement supracarénale. C'est peut-être là une espèce nouvelle. Mais comme nous n'en possédons qu'un individu unique, nous ne nous croyons pas suffisamment autorisé pour en faire une espèce. Nous nous bornerons, pour le moment, à l'indiquer à titre de variété.

Une des particularités les plus singulières chez l'*Helix Paladilhei* réside dans le mode de constitution de ses stries ornementales, dans la région de la carène. Cette carène est toujours de coloration plus pâle que le reste de la coquille ; c'est là un fait que nous observons, même chez les individus à test blanc ou blanchâtre ; les stries, en passant sur la carène, se renflent sur une plus ou moins grande longueur sous forme de nodosité un peu allongée, de telle sorte que chez certains individus bien adultes, la carène est absolument saillante et costulée. Parfois il existe au-dessus de la carène une bande unique brune, continue en dessus de la coquille, qui fait encore mieux ressortir la blancheur de la ligne carénale.

RAPPORTS ET DIFFÉRENCES. — Si nous rapprochons l'*Helix Paladilhei* de l'*Helix Jeanbernati*, nous voyons qu'elle en diffère par son galbe un peu plus globuleux, notablement plus renflé en dessous ; par le profil de ses tours plus convexes, séparés par une ligne suturale plus profonde, sur toute la longueur des tours ; par la croissance plus régulière de ses tours ; par sa carène ornementée d'une façon toute particulière ; par son ouverture plus arrondie, moins transversalement oblongue ; par l'insertion du dernier tour moins tombante à son extrémité ; etc.

HABITAT. — L'*Helix Paladilhei* est une forme essentiellement méridionale, plus particulièrement cantonnée dans le sud-est de la France. Le type a été signalé par M. Bourguignat, sous les pierres à Garrigues de Foncaude, près de Montpellier, dans l'Hérault. Nous le connaissons

également dans les stations suivantes : Fonteau, Saint-Pargoire, Saint-
Martin de Londres, Frouzet, le Causse-de-la-Selle, Brissac, Ganges,
Saint-Maurice, etc., dans l'Hérault; le revers méridional de la chaîne de
l'Estaque, les alluvions du torrent de Rognac, les environs de Callissane
et de Saint-Chamas, dans les Bouches-du-Rhône; les environs de Draguignan, de Fréjus et le Luc, dans le Var; les environs de Monaco et de
Nice, dans les Alpes-Maritimes; etc. Enfin, elle paraît acclimatée dans le
bois de Boulogne, près de Paris.

HELIX RUGOSIUSCULA, Michaud

Helix rugosiuscula, Michaud, 1831. *Compl. Hist. moll.*, p. 14, pl. XV, fig. 11-14.
Theba rugosiuscula, Beck, 1837. *Index molluscorum*, p. 12.
Helix unifasciata (var. *rugosiuscula*), Moquin-Tandon, 1855. *Hist. moll.*, II, p. 235.
  — *trochoides* (var. *rugosiuscula*), L. Pfeiffer, 1848. *Nom. Helic.*, I. p. 180.

DESCRIPTION. — Coquille de petite taille, d'un galbe général subdé-
primé, subconoïde en dessus, légèrement renflé en dessous. — Test
assez solide, un peu épais, subcrétacé, orné de stries longitudinales
ondulées, assez fortes, assez régulières, presque aussi fortes en dessous
qu'en dessus, atténuées vers la naissance de l'ombilic ; d'un blanc grisâtre
ou roussâtre, rarement monochrome, le plus souvent avec une bande
supracarénale de coloration brune plus ou moins foncée, continue ou
discontinue, parfois obsolète ou comme flammulée, parfois aussi très large
et recouvrant presque entièrement le dessus de la coquille; en dessous une
ou plusieurs bandes le plus souvent très étroites, en nombre variable,
continues ou discontinues ou plus rarement réunies en une seule, et occu-
pant tout le dessous de la coquille depuis l'ombilic jusqu'à la ligne carénale
qui ressort en blanc. — Spire subconoïde peu élevée, composée de cinq
à cinq et demi tours, à profil légèrement convexe, séparés par une ligne
suturale médiocre. — Croissance spirale lente et très régulière depuis la
naissance jusqu'à l'extrémité du dernier tour. — Dernier tour subanguleux à sa naissance sur une longueur égale à environ la moitié de la périphérie externe de ce tour, arrondi à son extrémité, à profil un peu plus
convexe en dessous qu'en dessus. — Insertion du bord supérieur du
dernier tour, située immédiatement au-dessous de la ligne carénale,
presque droite ou à peine tombante à son extrémité. — Sommet lisse,
obtus, brillant, d'un fauve corné, foncé ou noirâtre, sur près de deux
tours de la spire environ. — Ombilic très étroit, profond, à peine évasé

au dernier tour, laissant difficilement voir l'avant-dernier tour de la spire sur une longueur égale à environ la moitié de la circonférence interne et sur une très faible largeur. — Ouverture très oblique assez échancrée par l'avant-dernier tour, transversalement subrectangulaire-arrondie. — Péristome discontinu, droit, aigu, bordé intérieurement sur toute la périphérie par un bourrelet blanchâtre assez épais, plus fort en bas qu'en haut; bord supérieur d'abord presque rectiligne, puis ensuite arrondi; bord extérieur arrondi; bord inférieur très largement arrondi, parfois presque méplan; bord columellaire bien arrondi, très légèrement réfléchi sur l'ombilic qu'il recouvre à peine.

DIMENSIONS. — Diamètre maximum : 5 1/2 — 7 1/2.
Hauteur totale :   4 1/4 — 4 3/4.

OBSERVATIONS. — Peu d'auteurs se sont bien rendu compte de ce que pouvait être l'*Helix rugosiuscula* type de Michaud; et sous prétexte qu'ils étaient en présence d'une petite forme ornée de costulations ou de rugosités, ils l'ont immédiatement baptisée du nom de *rugosiuscula*. Nous devons à notre ami et collègue M. Coutagne, la communication de plusieurs échantillons qui ont été recueillis dans la station type, ou tout au moins dans son voisinage; or, en étudiant cette forme, il est facile de voir qu'elle correspond très exactement à la description de Michaud et à la figuration de Terver qui accompagne cette description. Michaud, en disant que sa coquille était en forme de troque, n'a pas fait usage de l'expression propre, car en définitive dans nos échantillons comme, du reste, dans la figuration, une telle spire n'a rien de trochoïde ; et lorsqu'il la compare à l'*Helix conspurcata* de Draparnaud (1), il se rapproche bien plus de la vérité.

On remarquera que dans sa description, Michaud, en parlant de l'ombilic dit que la coquille est perforée, et que le dernier tour est à peine caréné. Nous sommes donc surpris de voir que l'on ait assimilé à cette même espèce d'autres formes dont le dernier tour est absolument arrondi, et dont l'ombilic est beaucoup plus ouvert, plus ouvert même que chez l'*Helix unifasciata*.

L'étude d'un assez grand nombre d'individus appartenant à l'*Helix rugosiuscula* nous a permis d'établir plusieurs variétés bien définies chez cette espèce.

____

(1) *Helix conspurcata*, Draparnaud, 1805. *Hist. moll.*, p. 105, pl. VII, fig. 23-25.

Var. *minor*, Nob. — Coquille de petite taille, d'un galbe un peu plus globuleux, avec une spire un peu plus élevée, le dessous de la coquille conservant la même convexité.

Var. *nigricans*, Michaud. — Coquille de même taille que le type ou parfois même plus petite, de coloration brune très foncée, mais avec la bande carénale se détachant en blanc.

Var. *unicolor*, Nob. — Coquille de taille assez forte, et de coloration grisâtre ou fauve clair sans traces de bandes ni de flammes en dessus ou en dessous.

RAPPORTS ET DIFFÉRENCES. — Rapprochée de l'*Helix Paladilhei*, l'*H. rugosiuscula* s'en distinguera : à son galbe moins globuleux dans son ensemble, et moins convexe en dessous ; à ses stries ornementales moins fortes, non noueuses vers la ligne carénale ; à ses tours moins arrondis et séparés par une ligne suturale moins profonde ; à son dernier tour beaucoup moins anguleux, et arrondi à son extrémité ; à son ombilic proportionnellement encore plus étroit et laissant voir une moins grande largeur de l'avant-dernier tour à sa naissance ; etc.

Comparée à l'*Helix Jeanbernati*, elle en différera : par son galbe général bien moins déprimé ; par ses stries plus fortes, plus accusées, un peu moins régulières ; par ses tours à profil plus convexe, surtout le dernier ; par son accroissement spiral plus régulier à son extrémité ; par son dernier tour plus convexe en dessous à son extrémité ; par la forme toute particulière de son ouverture ; etc.

HABITAT. — L'*Helix rugosiuscula*, jusqu'à présent du moins, paraît vivre de préférence dans la Provence. Le type provient des environs d'Aix, dans les Bouches-du-Rhône ; nous le connaissons dans les localités suivantes : la montagne de Saint-Victor au-dessus d'Aix, dans les Bouches-du-Rhône, d'où il nous a été communiqué par M. Coutagne ; les environs de Draguignan et de Rians, dans le Var ; les environs d'Avignon, dans Vaucluse ; Saint-Amboix, dans le Gard.

HELIX SPIRILLA, Westerlund

Helix candidula (var. *spirilla*), Westerlund, 1875. *Mss.* — 1876. *Fauna Europ. mollusc. Prodr.*, p. 107.

— *spirilla*, Westerlund, 1876. In L. Pfeiffer, *Nom. Helic. viv.*, VII, p. 571. — 1881. *In* S. Clessin, *Nom. Hel. viv.*, p. 133 (1).

DESCRIPTION. — Coquille de petite taille, d'un galbe général subglobuleux-déprimé, légèrement conoïde en dessus, bien renflé en dessous. — Test assez solide, un peu mince, subcrétacé, subopaque, orné de stries longitudinales ondulées, assez fines, régulières, un peu plus accusées en dessus qu'en dessous, atténuées à la naissance de l'ombilic ; d'un blanc grisâtre ou fauve clair, avec une bande brune plus ou moins foncée, continue, située au-dessus de la ligne carénale, et le plus souvent visible sur les autres tours ; en dessous plusieurs bandes brunes très étroites, en nombre variable, continues ou discontinues, la plupart du temps comme obsolètes. — Spire subconoïde peu élevée, composée de cinq à cinq et demi tours à profil légèrement convexe, séparés par une ligne suturale médiocre. — Croissance spirale lente et régulière, devenant un peu plus rapide à l'extrémité du dernier tour. — Dernier tour légèrement subanguleux à sa naissance et sur une longueur égale à un peu plus du tiers de la circonférence externe de ce tour, arrondi à son extrémité, à profil un peu plus convexe en dessous qu'en dessus. — Insertion du bord supérieur du dernier tour nettement infracarénale et assez fortement tombante à son extrémité, sur une longueur égale à environ le dixième de la circonférence interne du dernier tour. — Ombilic étroit, profond, légèrement évasé au dernier tour, laissant facilement voir les trois quarts de la circonférence interne de l'avant-dernier tour sur une largeur à la naissance de l'avant-dernier tour sensiblement égale au diamètre de l'ombilic en ce même point. — Sommet obtus, lisse, brillant, d'un fauve clair, sur un tour et quart de la spire environ. — Ouverture très oblique, assez échancrée par l'avant-dernier tour, presque aussi haute que large, irrégulièrement arrondie. — Péristome discontinu, droit, aigu, bordé intérieurement sur toute sa périphérie d'un fort bourrelet blanchâtre, souvent irrégulièrement épais, mais ordinairement plus fort

(1) Nom *Helix spirillus*, Gould, 1851. *Exp.*, p. 38, pl. III, fig. 45, coquille de Lima qui n'appartient pas au genre Helix proprement dit.

en bas qu'en haut; bord supérieur presque rectiligne; bord externe
également presque rectiligne, mais à direction inclinée se raccordant par
une courbe à rayon assez court avec le bord supérieur et le bord inférieur; bord inférieur presque droit et assez allongé se raccordant avec le
bord columellaire par un coude brusque et court; bord columellaire très
court, à peine réfléchi sur l'ombilic.

DIMENSIONS. — Diamètre maximum : 5   à 6   millim.
           Hauteur totale :   3 1/4 à 3 1/2 —

OBSERVATIONS. — C'est d'après des échantillons que nous devons à
l'extrême complaisance de M. Agardh Westerlund que nous avons donné
la description qui précède. Dans le principe, le savant suédois faisait de
cette forme une variété de l'*Helix unifasciata;* mais il avait soin d'ajouter
forma, forte species, H. rugosiusculam in memoriam revocans; et en effet,
l'*Helix spirilla* a bien plus d'analogie avec l'*Helix rugosiuscula* qu'avec
n'importe quelle autre forme appartenant à ce groupe; elle n'en diffère,
du reste, que par l'ombilic, le mode d'insertion de l'extrémité du dernier tour et la forme de l'ouverture.

RAPPORTS ET DIFFÉRENCES. — Comparé à l'*Helix rugosiuscula,* l'*Helix
spirilla* s'en distinguera : à son ombilic un peu plus grand, notablement
plus ouvert au dernier tour, de façon à laisser voir une plus grande
partie de l'avant-dernier tour; à l'accroissement spiral moins régulier,
puisque l'extrémité du dernier tour va en s'élargissant ; à son dernier
tour un peu moins anguleux à sa naissance et sur une moindre longueur;
à la direction notablement plus tombante et sur une plus grande longueur
de l'extrémité du dernier tour; enfin, à la forme toute particulière de
son ouverture, qui est moins allongée transversalement, avec le bord
supérieur plus droit sur une plus grande largeur ; etc.

HABITAT. — L'*Helix spirilla* paraît peu répandue ; M. Westerlund l'in-
dique dans la France méridionale et en Sicile. Nos échantillons provien-
nent de Grasse, dans les Alpes-Maritimes; nous l'avons également reçue
de Cannes, sur la route d'Antibes.

HELIX BELLOQUADRICA, J. Mabille

Helix Belloquadrica, J. Mabille, 1881. In *Bull. soc. phil. Paris*, p. 123.

DESCRIPTION. — Coquille de petite taille, d'un galbe général subglobuleux légèrement déprimé, un peu conique en dessus, très renflé en dessous. — Test solide, épais, crétacé, subopaque, orné de stries longitudinales ondulées assez fines, régulières, un peu moins fortes en dessous qu'en dessus, s'évanouissant à la naissance de l'ombilic ; d'un blanc grisâtre, un peu brillant, avec une bande supracarénale, brune, un peu étroite, le plus souvent continue en dessus, et une ou plusieurs bandes infracarénales, continues ou discontinues en dessous, parfois comme obsolètes. — Spire conoïde, peu élevée, composée de quatre et demi à cinq tours, à profil bien convexe, séparés par une ligne suturale bien marquée. — Croissance spirale lente et régulière jusqu'à l'extrémité du dernier tour. — Dernier tour très obtusément subanguleux à sa naissance, sur une longueur à peine égale au cinquième de la circonférence externe de ce tour, arrondi à son extrémité, quoique un peu méplan en dessus, plus convexe en dessous qu'en dessus. — Insertion du bord supérieur de l'ouverture presque exactement carénale, à peine tombante à son extrémité, et sur une très faible longueur. — Sommet obtus, lisse, brillant, d'un jaune foncé passant au noirâtre, sur près de deux tours de spire environ. — Ombilic étroit, profond, un peu évasé au dernier tour, laissant voir à l'intérieur l'avant-dernier tour sur une longueur égale à peine à la moitié de l'avant-dernier tour, et sur une largeur à la naissance de ce même tour sensiblement égale à la moitié du diamètre de l'ombilic. — Ouverture oblique, un peu échancrée par l'avant-dernier tour, à bords assez rapprochés, arrondie, un peu plus large que haute. — Péristome discontinu, droit, aigu, bordé intérieurement par un bourrelet blanchâtre assez épais, plus saillant en bas qu'en haut ; bord supérieur un peu court, bien arrondi ; bords extérieur et inférieur également arrondis ; bord columellaire présentant sensiblement la même courbure que le bord supérieur, très légèrement réfléchi sur l'ombilic.

DIMENSIONS. — Diamètre maximum : 5   à 6 millim.
                       Hauteur totale :   3 1/2 à 4   —

OBSERVATIONS. — Comme on a pu le voir par la description que nous

venons de donner, l'*Helix Belloquadrica* s'éloigne déjà sensiblement par
son galbe des formes que nous avons étudiées jusqu'ici. L'ombilic commence à s'accroître en diamètre ; la coquille est plus globuleuse, la spire
s'élève davantage et le dernier tour n'est plus qu'obtusément caréné.
Voilà donc un ensemble de caractères bien nets, bien précis, et dont il
importait à juste titre de tenir compte.

RAPPORTS ET DIFFÉRENCES. — A mesure que nous avançons dans l'étude
des différentes formes de ce groupe, les principaux caractères sont de
plus en plus distincts et accentués. Il nous semble à peine nécessaire de
dire en quoi diffère l'*Helix Belloquadrica* de ses congénères. Rapprochée
de l'*Helix rugosiuscula*, on la distinguera toujours : à son galbe plus
globuleux ; à son ombilic plus large, laissant voir une plus grande largeur
de l'avant-dernier tour ; au profil du dernier tour qui n'est plus à sa
naissance qu'obtusément subanguleux et sur une faible longueur ; au
profil de ses tours notablement plus convexes ; à son ouverture moins
oblique, plus arrondie ; etc.

HABITAT. — L'*Helix Belloquadrica* a été recueillie aux environs de
Beaucaire et de Tarascon dans les Bouches-du-Rhône ; elle vit dans les
endroits exposés au soleil sur les pierres, sur les graminées et autres
plantes basses.

HELIX MOUQUERONI, Bourguignat

Helix Mouqueroni, Bourguignat, 1880. In Servain, *Étud. moll. Esp. et Port.*, p. 91 (sans
      descr.). — 1882. In Locard, *Prodr. malac. franç.*, p. 112 et 337.
  — *rugosiuscula*, Dupuy, 1852. *Hist. moll.*, pl. XIII, fig. 2.

DESCRIPTION. — Coquille de petite taille, d'un galbe général globuleux
légèrement déprimé, subconique en dessus, très renflé en dessous. —
Test solide, épais, crétacé, à peine subopaque, orné de stries longitudinales ondulées, assez fortes, irrégulières, plus accentuées en dessus qu'en
dessous, s'évanouissant vers l'ombilic ; d'un blanc sale, passant du blanc
jaunâtre au grisâtre, souvent monochrome, parfois avec une seule bande
supracarénale assez étroite, continue, visible sur tous les tours, et une ou
plusieurs bandes infracarénales, toujours discontinues, flammulées ou
obsolètes. — Spire un peu élevée, composée de cinq tours et demi à profil
bien convexe, séparés par une ligne suturale bien marquée. — Crois-

sance spirale lente et bien régulière, le dernier tour à peine un peu plus
dilaté vers son extrémité chez quelques sujets bien adultes. — Dernier
tour obtusément subanguleux à sa naissance, sur une longueur égale à
environ le tiers de la circonférence externe du dernier tour, arrondi à son
extrémité, plus convexe en dessous qu'en dessus. — Insertion du bord
supérieur de l'ouverture un peu infracarénale, légèrement tombante sur
une faible longueur. — Sommet obtus, lisse, brillant, d'un fauve plus ou
moins grisâtre, sur un peu plus de deux tours de la spire. — Ombilic
étroit, profond, à peine dilaté au dernier tour, laissant assez difficilement
voir l'avant-dernier tour sur une longueur égale à un peu plus de la
moitié de la circonférence interne mais sur une faible largeur. — Ouverture très oblique, assez échancrée par l'avant-dernier tour, transversalement oblongue-arrondie. — Péristome discontinu, ou parfois à bords
reliés par un très léger callum, droit, aigu, bordé intérieurement par
un épais bourrelet s'étendant peu profondément sur toute sa périphérie,
un peu plus fort dans le bas que dans le haut; bords supérieur et externe
légèrement arrondis, assez courts ; bord inférieur largement arrondi, un
peu méplan dans sa partie médiane ; bord columellaire court, bien arrondi,
un peu renversé sur l'ombilic qu'il recouvre légèrement.

DIMENSIONS. — Diamètre maximum : 6 à 7 1/2 millim.
             Hauteur totale :   4 à 4 1/2   —

OBSERVATIONS. — L'*Helix Mouqueroni* dédiée à M. Aug. Mouqueron, de
Paris, termine la série du premier sous-groupe. C'est, comme on a
pu le voir par notre description, la forme la plus globuleuse du groupe,
et avec l'*Helix Belloquadrica* la moins carénée à la naissance du dernier
tour. Cette fausse carène présente du reste quelques variations suivant
les individus et mieux encore suivant les habitats. Tantôt elle est très
obtuse, et le dernier tour paraît presque complètement arrondi même à
sa naissance ; tantôt, au contraire, mais sur une faible longueur, elle
rappelle la disposition particulière, avec ses nodosités, de la carène de
l'*Helix Paladilhei* ; en ce point, en effet, quelques côtes, par suite de
leur caractère d'irrégularité s'épaississent sur une faible longueur et
forment une légère saillie.
    Nous rapportons à l'*Helix Mouqueroni* la figuration que M. l'abbé Dupuy
a donnée de l'*Helix rugosiuscula*, nous y trouvons en effet assez exactement représentés les caractères de notre espèce, une telle figure a, du

reste, beaucoup plus d'analogie avec l'*Helix Mouqueroni* qu'avec l'*Helix rugosiuscula*.

RAPPORTS ET DIFFÉRENCES. — Comparée à l'*Helix Belloquadrica*, l'*Helix Mouqueroni* en diffère : par sa taille plus forte ; par son galbe plus globuleux ; par sa spire un peu plus conique encore ; par son test plus crétacé, orné de stries plus fortes et plus irrégulières ; par son dernier tour généralement moins anguleux à sa naissance mais sur une plus grande longueur ; par l'insertion du bord supérieur de son ouverture infracarénale avec une direction plus descendante ; par son ombilic moins serré, laissant voir l'avant-dernier tour sur une moins grande largeur ; par son ouverture moins arrondie ; etc. On la séparera toujours facilement de l'*Helix rugosiuscula :* par son galbe beaucoup plus globuleux ; par la forme de son dernier tour ; par son ombilic plus large ; par la forme de son ouverture ; etc. Enfin, lorsqu'elle aura sa fausse carène noueuse, on la distinguera de l'*Helix Paladilhei :* à son galbe beaucoup moins déprimé ; à son ombilic plus large ; à son dernier tour toujours moins anguleux et avec la carène toujours moins forte et s'étendant sur une bien moins grande longueur du dernier tour à partir de sa naissance.

HABITAT. —Le type de cette espèce a été recueilli sur le plan de Nove, au-dessous de Vence dans les Alpes-Maritimes ; nous le connaissons également dans les stations suivantes : Rians dans le Var ; Entressens dans les Bouches-du-Rhône ; les environs d'Avignon, dans Vaucluse ; la montagne de Sainte-Victoire près d'Aix dans les Bouches-du-Rhône ; Saint-Ambroix dans le Gard ; Amélie-les-Bains, dans les Pyrénées-Orientales ; les alluvions de la Garonne à Toulouse, dans la Haute-Garonne ; Montaignet près Gannat dans l'Allier ; Mazère, dans l'Ariège ; etc.

B. — Coquilles à ombilic moyen

HELIX GRATIOSA, Studer

Helix gratiosa, Studer, 1820. *Kurz. verzeichn.*, p. 87.
— *candidula* (var. *major*), de Charpentier, 1837. *Cat. moll. Suisse*, p 12, pl. I, fig. 20.
— *candidula*, Rossmässler, 1837. *Iconogr.*, V, p. 26 (pars), pl. XXVI, fig. 3307. — Dupuy,
1849. *Hist. moll.*, p. 282 (pars), pl. XIII, fig. 3, a, b, c.
— *unifasciata* (var. *gratiosa*), Moquin-Tandon, 1855. *Hist. moll.*, II, p. 234.

DESCRIPTION. — Coquille de taille moyenne, d'un galbe général subglobuleux-déprimé, un peu conique en dessus, un peu renflé en dessous.
— Test solide, épais, crétacé, à peine subopaque, orné de stries longitudinales onduleuses très fines, assez régulières, plus fines en dessus
qu'en dessous, s'évanouissant vers l'ombilic; d'un blanc brillant légèrement
grisâtre, rarement monochrome, le plus souvent avec une seule bande
brune supracarénale continue en dessus, visible sur tous les tours de la
spire, et des bandes brunes étroites, continues ou discontinues, flammulées
ou ponctuées, souvent obsolètes, en nombre très variable, irrégulièrement espacées entre la ligne carénale et la naissance de l'ombilic. — Spire
subconoïde peu élevée, composée de cinq tours et demi à six tours à
profil peu convexe, séparés par une ligne suturale assez accusée. — Croissance spirale d'abord lente et régulière, puis un peu plus rapide à l'extrémité du dernier tour. — Dernier tour bien arrondi à sa naissance comme
à son extrémité, un peu plus convexe en dessous qu'en dessus. — Insertion du bord supérieur de l'ouverture exactement médiane, mais un peu
tombante sur une très faible longueur à son extrémité. — Sommet obtus,
lisse, brillant, d'un fauve foncé, parfois presque noirâtre, sur environ
un tour et demi de la spire. — Ombilic moyen, profond, un peu évasé
au dernier tour, laissant voir les trois quarts de la circonférence interne
de l'avant-dernier tour sur une longueur à sa naissance égale au diamètre
de l'ombilic en ce même point. — Ouverture oblique, faiblement échancrée
par l'avant-dernier tour, presque exactement arrondie, ou à peine transversalement suboblongue. — Péristome discontinu, droit, aigu, bordé intérieurement par un bourrelet blanchâtre s'étendant sur toute la périphérie, un peu plus fort en bas qu'en haut; bord supérieur court, légè-

rement arrondi ; bords extérieur et inférieur plus largement arrondis ; bord columellaire assez court, très légèrement réfléchi sur l'ombilic.

DIMENSIONS. — Diamètre maximum : 9 à 11 millim.
    Hauteur totale :   5 à 6 —

OBSERVATIONS. — La plupart des auteurs français ont cru devoir identifier l'*Helix gratiosa* à l'*Helix unifasciata*, et nous-même, suivant l'exemple de nos devanciers, nous avons envisagé jadis l'*Helix gratiosa* comme une simple variété *major* de l'*Helix unifasciata* ; une étude plus attentive de ces deux espèces nous conduit aujourd'hui à les séparer ; nous remarquons que cette forme *major* n'est pas exclusivement le fait d'une influence d'habitat ; en effet, nous avons à plusieurs reprises constaté la présence de colonies populeuses de ces deux espèces vivant non seulement dans des milieux similaires, mais encore dans la même station ; et fait plus particulier encore, lorsque les deux colonies étaient mélangées, il y avait peut-être plus de différence entre chaque type qu'entre ceux de deux colonies de pays éloignés.

Les caractères de l'*Helix gratiosa*, sont très précis et très constants ; la taille seule est variable, mais sans jamais égaler celle de l'*Helix unifasciata*. C'est la forme la plus grande de tout le groupe ; c'est en même temps celle dont le test est le plus brillant, avec les côtes les plus fines. Si l'*Helix gratiosa* n'avait pas autant d'affinité comme galbe avec l'*Helix unifasciata*, il conviendrait sans doute de la faire rentrer dans le groupe de l'*Helix Heripensis* (1).

On peut établir pour cette coquille plusieurs variétés, mais toutes seront basées sur le mode d'ornementation du test, et surtout sur la disposition des bandes ornementales. Nous connaissons les var. : *unicolor, zonata, interrupta, etc.*, qui s'appliquent soit à des individualités, soit même à des colonies entières.

RAPPORTS ET DIFFÉRENCES. — Dans tout ce groupe, nous ne pouvons comparer l'*Helix gratiosa* qu'avec l'*Helix unifasciata*. On la distinguera toujours : à sa taille notablement plus grande ; à son galbe proportionnellement plus déprimé ; à son test plus lisse, plus brillant, avec des côtes bien plus fines et bien plus serrées ; à ses tours de spire à profil moins convexe ; à son dernier tour toujours bien arrondi à sa naissance ; à son

(1) *Helix Heripensis*, J. Mabille. — Locard, 1883. *Monogr. des Hélices du groupe de l'Helix Heripensis.*

ombilic proportionnellement plus ouvert, laissant mieux voir et sur une plus grande longueur l'avant-dernier tour ; à son ouverture plus arrondie, moins transversalement elliptique ; à son péristome ordinairement moins fortement bordé à l'intérieur ; etc.

Habitat. — L'*Helix gratiosa* ne paraît pas très répandue en France ; cependant elle forme çà et là des colonies très populeuses ; on la trouve surtout après les pluies sur les graminées, dans la région des plaines basses et des vallées. Nous l'avons observé dans les localités suivantes : les environs de Lyon, tantôt sur les terrains calcaires, tantôt sur les terrains granitiques, Saint-Fons, les Rivières, Béchevelin, Craponne, Couzon, etc., dans le Rhône ; les environs de Mâcon dans Saône-et-Loire ; les environs de Grenoble et de Sassenage dans l'Isère ; les environs de Chambéry, Saint-Jean-de-Maurienne dans la Savoie ; Bourg et la Bresse dans l'Ain ; Hondainville, Thury, Bury, Janville, Camp-Barbet, Balagny-sur-Thérain, dans l'Oise ; les environs de Valenciennes et de Lille dans le Nord ; les environs de Rouen dans la Seine-Inférieure ; Privas dans l'Ardèche ; Saint-Paul-trois-Châteaux dans la Drôme ; etc.

HELIX UNIFASCIATA, Poiret

Helix unifasciata, Poiret, 1801. *Coq. fluv. et terr. de l'Aisne, Prodr.* p. 41. — Moquin-Tandon, 1855. *Hist. moll.*, II, p. 234 (pars), pl. XVII, fig. 36-41.
— *bidentata*, Draparnaud, 1801. *Tabl. moll.*, p. 85 (non Gmelin.).
— *striata* (var. ɩ), Draparnaud, 1805. *Hist. moll.*, p. 186, pl. VI, fig. 21.
— *thymorum*, v. Alten, 1812. *Syst. abh. Conch.*, p. 56, pl. V, fig. 7.
— *candidula*, Studer, 1818. *Syst. Verz.*, p. 85 (pars). — Rossmässler, 1837. *Iconogr.*, V, p. 26, pl. XXVI, fig. 350, a. — Dupuy, 1849. *Hist. moll.*, p. 282 (pars).
— *striatula*, Hartmann, 1821. *Syst. der. Schweiz*, p. 51.
Theba thymorum, Beck, 1837. *Index molluscorum*, p. 11.
— *candidula*, Beck, 1837. *Index molluscorum*, p. 11.
Xerophila thymorum, Held, 1877. *In Isis von Oken*, p. 913.
Helix tæniata, Müller, 1842. *In* L. Pfeiffer, *Symb. Helic.*, II, p. 104.
— *unizona*, Andrzejowski, 1842. *In* Pfeiffer, *Symb. Helic.*, II, p. 67.
Iacosta candidula, Morch., 1864. *Syn. moll. Daniæ*, p. 20.
Theba unifasciata, Jousseaume, 1882. *Faune env. Paris, in Bull. soc. zool.*, p. 217.

Description. — Coquille de petite taille d'un galbe général subglobuleux légèrement déprimé, un peu conique en dessus, assez renflé en dessous. — Test solide, épais, à peine subopaque, orné de stries longitudinales ondulées très fines, très régulières, presque aussi fortes en dessous qu'en dessus, s'évanouissant à la naissance de l'ombilic ; d'un blanc légèrement grisâtre ou fauve très clair, un peu brillant, rarement monochrome, le plus souvent avec une seule bande supracarénale, d'un fauve brunâtre, étroite, continue, visible sur tous les tours, et des bandes infracarénales en nombre très variable presque toujours discontinues, flammulées ou réduites à des points, indépen Jantes ou soudées, de même coloration. — Spire subconoïde composée de cinq à cinq tours et demi à profil un peu convexe, séparés par une ligne suturale bien marquée. — Croissance spirale lente et régulière à peine un peu plus rapide à l'extrémité du dernier tour. — Dernier tour arrondi à sa naissance lorsque la coquille est bien adulte, obtusément subanguleux chez les jeunes individus, bien arrondi à son extrémité, un peu plus convexe en dessous qu'en dessus. — Insertion du bord supérieur de l'ouverture infracarénale et nettement descendante à son extrémité sur une longueur égale à près du tiers de la circonférence interne du dernier tour. — Sommet obtus, lisse, brillant, d'un fauve plus ou moins foncé sur un tour et demi environ de la spire. — Ombilic moyen, très profond, laissant voir l'avant-dernier tour sur une longueur égale aux deux tiers de la circonférence interne, et sur une largeur à sa naissance sensiblement égale au diamètre de l'ombilic en ce même point. — Ouverture oblique, faiblement échancrée par l'avant-dernier tour, arrondie, légèrement elliptique, un peu plus large que haute. — Péristome discontinu, à bords parfois reliés par un très faible callum chez les vieux individus, droit, aigu, bordé intérieurement par un épais bourrelet blanchâtre, s'étendant sur toute la périphérie, notablement plus épais dans le bas que dans le haut, parfois subdentiforme sur le bord columellaire ; bord supérieur court, arrondi ; bord extérieur plus développé, bien arrondi ; bord inférieur encore plus largement arrondi ; bord columellaire court, brusquement arrondi et légèrement réfléchi sur l'ombilic.

DIMENSIONS. — Diamètre maximum : 5 1/2 à 7 millim.
Hauteur totale :   3 1/4 à 5   —

OBSERVATIONS. — Quoique inscrite sous des appellations souvent très différentes, cette espèce n'en a pas moins été bien connue et parfois bien décrite par bon nombre d'auteurs ; malheureusement ils ont souvent confondu avec elle plusieurs autres formes cependant bien spécifiquement distinctes.

Comme galbe, comme allure, c'est une forme bien constante qui ne présente en fait de variation que de légères modifications portant sur la taille, le plus ou moins d'élévation de la spire, et surtout sur le mode d'ornementation. Nous aurons donc lieu d'établir pour cette espèce un certain nombre de variétés. C'est à ce même titre que nous lui rattachons l'*Helix thymorum* d'ailleurs si bien décrite et si bien figurée par son auteur ; c'est après nous être procuré des échantillons types d'Allemagne que nous croyons devoir définitivement supprimer des catalogues cette espèce pour la faire rentrer au simple rang de variété. Les variétés que nous connaissons sont les suivantes :

Var. *globulosa*, Nob. — Coquille de taille assez petite, d'un galbe général un peu globuleux, à spire proportionnellement plus haute que dans le type, avec le dernier tour à tendance à être subanguleux à sa naissance.

Var. *depressa*, Nob. — Coquille de même taille que le type, mais d'un galbe général plus déprimé, à spire moins élevée, le dessous de la coquille restant tout aussi renflé, l s tours séparés par une ligne suturale plus profonde.

Var. *thymorum*, v. Alten. — Coquille de même taille que le type, ou de taille un peu plus forte, à test un peu plus mince, avec des fascies supra et infracarénales transparentes ou subopaques.

Var. *radiata*, Moquin-Tandon (1). — Coquille de toutes tailles, avec la bande supérieure plus ou moins discontinue, représentant des taches rayonnantes.

Var. *interrupta*, Moquin-Tandon. — Coquille de toutes tailles, avec la bande supérieure interrompue réduite à des points interrompus plus ou moins apparents.

Var. *hypogramma*, Moquin-Tandon. — Coquille de toutes tailles, blanche en dessous avec plusieurs lignes roussâtres ou brunes, continues ou discontinues situées en dessous.

Var. *obscura*, Moquin-Tandon. — Coquille de taille assez petite, entièrement brune en dessus et en dessous.

Var. *bizonata*, Locard (2). — Coquille de taille moyenne, entièrement brune en dessous, avec une large bande brune en dessus.

Var. *unicolor*, Nob. — Coquille de toutes tailles, ordinairement un peu globuleuse, monochrome, sans bandes ni fascies.

Var. *candidula*, Bourguignat (3). — Coquille de taille moyenne, à test plus fortement strié, avec une ouverture plus arrondie, moins allongée

---

(1) Moquin-Tandon, 1866. *Hist. moll.*. II, p. 234.
(2) Locard, 1880. *Et. variat. malac.*, I, p. 167.
(3) Bourguignat, 1864. *Malac. Grande-Chartreuse*, p. 82.

transversalement, et un péristome moins fortement bordé et plus orné intérieurement.

RAPPORTS ET DIFFÉRENCES. — Parmi les espèces que nous avons précédemment étudiées, nous ne pouvons rapprocher l'*Helix unifasciata* type que des *Helix Mouqueroni* et *H. rugosiuscula*. On le distinguera de l'*Helix Mouqueroni*, à ses stries plus fines, plus rapprochées, plus régulières ; à son galbe moins globuleux, plus déprimé dans son ensemble, avec une spire un peu moins conique ; à son ombilic plus large, laissant voir sur une plus grande largeur une longueur également plus grande de l'avant-dernier tour ; au profil de ses tours de spire moins convexe, avec le dernier tour plus arrondi à sa naissance ; à son ouverture un peu plus transversalement elliptique ; etc.

Rapproché de l'*Helix rugosiuscula*, il s'en séparera bien facilement : par la manière d'être de ses stries toujours beaucoup plus fines ; par son galbe plus globuleux et bien moins déprimé dans tout son ensemble ; par son ombilic notablement plus large, laissant mieux voir l'avant-dernier tour ; par le profil de son dernier tour à sa naissance ; par la forme de son ouverture ; etc.

Quelques naturalistes ont confondu les var. *obscura* et *bizona* de l'*Helix unifasciata* avec des variétés de même coloration de l'*Helix Lugduniaca* (1) ; il est certain qu'il existe entre l'*Helix Lugduniaca* et l'*Helix unifasciata* certains rapports ; on peut même dire que c'est par l'*Helix Lugduniaca* que le groupe de l'*Helix Heripensis* tient à celui de l'*Helix unifasciata*. On distinguera donc l'*Helix unifasciata* : à son galbe un peu plus globuleux avec une spire plus haute et le dessous proportionnellement plus renflé ; à son ombilic un peu moins large ; à son test plus strié, avec des stries plus fortes, plus accusées ; à ses tours de spire à profil moins convexe, séparés par une ligne suturale moins profonde ; au profil de son dernier tour, moins régulièrement convexe, le dessous étant beaucoup plus convexe que le dessus ; etc.

HABITAT. — l'*Helix unifasciata* vit dans presque toute la France, mais plus particulièrement dans la France septentrionale moyenne et subméridionale. Nous pourrions la citer dans presque tous les départements. On la rencontre dans les champs, les prés, les jardins, sur les pelouses et les gazons, sur les hautes herbes, dans les endroits un peu secs et un peu chauds. Quant aux variétés nous les avons observées dans les stations

---

(1) *Helix Lugduniaca*, J. Mabille, 1882. *In* Locard, *Prodr. maluc. franç.*, p. 103 et 334.
— 1883, Locard. *Monogr. Helix Heripensis*, p. 35.

suivantes : Var. *globulosa*, Marlioz, Aix-les-Bains en Savoie ; Espalion dans l'Aveyron ; Bionville, près Metz dans la Moselle ; les environs de Belley et de Culoz dans l'Ain ; le camp d'Avor dans l'Allier; les environs de Lyon ; etc. — Var. *depressa* : Francheville, Chaponost, Oullins, Saint-Genis-Laval, dans le département du Rhône ; les environs du Puy dans la Haute-Loire ; Lanslebourg en Savoie, etc. ; en général dans les pays granitiques et schisteux. — Var. *thymorum* : les environs de Lille, et de Valenciennes dans le Nord ; Plombières, Remiremont dans les Vosges. — Var. *radiata* : un peu partout, de préférence dans la région des plaines basses et des vallées ; les environs de Lyon, de Mâcon et de Valence, etc. — Var. *interrupta* : un peu partout, mais plutôt dans des stations un peu plus élevées et un peu plus arides que la variété *radiata* ; le Dauphiné, le Jura, le Bugey, etc. — Var. *hypogramma* : partout, surtout dans la région des plaines basses et des vallées. — Var. *obscura* : dans les mêmes stations, mais plus rare ; les environs de Lyon, d'Avignon, etc. — Var. *bizonata* : dans les mêmes stations, mais également rare. — Var. *unicolor* : un peu partout, mais plus généralement dans les régions un peu élevées ou bien au bord de la mer. — Var. *candidula* : les pelouses de la Correrie, du couvent, du col de la Ruchère et de Bovinant aux environs de la Grande-Chartreuse dans l'Isère ; le Revermont, le Colombier dans l'Ain ; les environs d'Alberville dans la Savoie ; Sallanche, Bonneville, Annecy, dans la Haute-Savoie ; etc.

HELIX CENISIA, de Charpentier (1)

Helix Cenisia, de Charpentier, 1837. *Cat. moll. Suisse*, p. 12, pl. I, fig. 21.
— *apicina* (pars), Moquin-Tandon, 1855. *Hist. moll.*, p. 232.

DESCRIPTION. — Coquille de petite taille, d'un galbe subglobuleux-conique, déprimé en dessus, très renflé en dessous. — Test assez solide, un peu épais, subcrétacé, subopaque, orné de stries longitudinales ondulées, assez fortes, irrégulières, peu rapprochées et peu saillantes, presque aussi fortes en dessous qu'en dessus, s'évanouissant vers l'ombilic ; d'un blanc sale, un peu brillant, avec une seule bande brune assez étroite, supracarénale, continuée en dessus, et une ou plusieurs

---

(1) Cette espèce, en réalité, n'a pas été trouvée, jusqu'à présent du moins, sur le territoire géographique français; mais elle a été si souvent confondue avec d'autres espèces françaises qu'il nous a paru nécessaire d'en donner ici la description complète.

bandes étroites,de coloration plus pâle, discontinues, flammulées ou ponctuées, en nombre très variable, espacées entre la ligne carénale et l'ombilic. — Spire peu élevée, composée de cinq tours peu étagés les uns au
dessus des autres, à profil peu convexe, séparés par une ligne suturale
assez profonde. — Croissance spirale lente et régulière jusqu'à l'extrémité du dernier tour. — Dernier tour légèrement subanguleux à sa
naissance, bien arrondi à son extrémité ; beaucoup plus convexe en
dessous qu'en dessus ; angulosité ne s'étendant pas au delà du quart
de la circonférence externe du dernier tour. — Insertion du bord supérieur de l'ouverture infracarénale, légèrement descendante sur une
faible longueur. — Sommet bien obtus, brillant, d'un fauve corné un
peu foncé, sur environ un tour et demi de la spire. — Ombilic moyen
très profond, très légèrement évasé au dernier tour, laissant voir l'avant-
dernier tour sur une longueur égale aux deux tiers de sa circonférence
interne et sur une très faible largeur. — Ouverture oblique, faiblement
échancrée par l'avant-dernier tour, presque exactement arrondie. —
Péristome discontinu, droit, aigu, bordé intérieurement et sur toute sa
périphérie, par un bourrelet blanchâtre, un peu plus fort en bas qu'en
haut. — Bords supérieur, extérieur et inférieur à peu près également
arrondis ; bord columellaire un peu plus court, très légèrement réfléchi
sur l'ombilic.

DIMENSIONS. — Diamètre maximum : 5 1/2 à 6 millim.
Hauteur totale :   3 1/4 à 3 1/2 millim.

OBSERVATIONS. — Peu d'auteurs ont connu la véritable *Helix Cenisia*,
sans doute parce qu'elle est assez difficile à se procurer, quoiqu'elle ne soit
pas rare lors de la saison voulue, dans l'unique station où elle a été trouvée
jusqu'à présent. Néanmoins, en se bornant à la seule description qu'en
a donné de Charpentier, et à sa figuration, il est assez singulier de voir
qu'une telle espèce ait été confondue par plusieurs auteurs (1) avec
l'*Helix Apicina* (2) ; passe encore si on l'avait rapportée à titre de variété
à l'*Helix unifasciata !*
Nous devons à l'extrême complaisance de M. Bourguignat la connaissance de cette jolie petite coquille, recueillie par lui dans la station type,
et c'est d'après ces échantillons que nous avons établi la description qui
précède.

(1) Moquin-Tandon, *Loc. cit.* — Kobelt, 1881. *Catalog binnenconch.*, p. 224. — S. Clessin,
1881. *Nomencl. Helic. viv.*, p. 133; etc.
(2) *Helix apicina*, de Lamarck, 1822. *Anim. sans vert.*, VI, 2ᵉ part., p 93.

RAPPORTS ET DIFFÉRENCES. — L'*Helix Cenisia* ne peut être comparée, parmi les espèces dont nous nous sommes occupé jusqu'à présent, qu'à l'*Helix unifasciata ;* elle se distingue en effet de toutes les formes précédentes par la dimension notablement plus grande de son ombilic ; on la séparera donc de l'*Helix unifasciata :* à son galbe plus globuleux, avec la spire plus déprimée, les tours moins étagés, tandis que le dessous est, au contraire, encore plus renflé ; à son test plus mince, moins crétacé, orné de stries plus fortes, plus larges, plus irrégulières ; au profil de ses tours moins convexe, avec une suture un peu plus profonde ; à son dernier tour plus anguleux à sa naissance ; à son ombilic très large, et pourtant laissant voir l'avant-dernier tour sur une moins grande largeur à sa naissance ; à son ouverture plus exactement circulaire ; etc.

HABITAT. — Le Mont-Cenis, entre la Savoie et l'Italie, sur la sommité, près de la grande cascade, où elle a été recueillie, en 1827 par de Charpentier, et en 1860, par M. Bourguignat.

HELIX ACOSMIA, Bourguignat

Helix acosmia, Bourguignat, 1878. *Mss.* — 1882. In Locard, *Prodr. malac. franç.*, p. 112 et 336.
—   *rugosiuscula. Pars auctorum.*

DESCRIPTION. — Coquille de petite taille, d'un galbe général subglobuleux-déprimé, aussi convexe en dessus qu'en dessous. — Test solide, un peu mince, subcrétacé, subopaque, orné de stries longitudinales ondulées, assez fortes, assez régulières, un peu espacées, à peine plus fortes en dessus qu'en dessous, s'évanouissant vers l'ombilic ; d'un blanc fauve-clair, passant parfois à la couleur terre de Sienne brûlée, rarement monochrome, le plus souvent avec une bande supracarénale étroite, continue, visible sur tous les tours, et en dessous des bandes également brunes, en nombre très variable, indépendantes ou soudées, ordinairement réduites à des taches ou à des points, souvent flammulées et obsolètes. — Spire médiocrement élevée, composée de cinq tours à profil bien convexe, séparés par une ligne suturale bien marquée. — Croissance spirale lente et régulière, à peine un peu plus rapide à l'extrémité du dernier tour. — Dernier tour subanguleux à sa naissance, et sur une

longueur variable, mais ne s'étendant pas au delà du tiers de la circonférence externe de ce tour ; arrondi à son extrémité ; aussi convexe en
dessus qu'en dessous. — Insertion du bord supérieur de l'ouverture
exactement carénale, à peine tombante, et sur une faible longueur à son
extrémité. — Sommet obtus, très brillant, d'un fauve plus ou moins
foncé sur près de deux tours de spire. — Ombilic moyen, profond, un
peu évasé au dernier tour, laissant voir à l'intérieur l'avant-dernier
tour sur les trois quarts de la longueur de sa circonférence interne et sur
une largeur, à sa naissance, presque égale au diamètre de l'ombilic. —
Ouverture un peu oblique, faiblement échancrée par l'avant-dernier tour,
presque exactement arrondie. — Péristome discontinu, droit, aigu,
bordé intérieurement par un mince bourrelet blanchâtre, s'étendant sur
toute la périphérie, mais moins épais en haut qu'en bas ; bords supérieur, extérieur et inférieur bien arrondis ; bord columellaire un peu
plus court, légèrement réfléchi sur l'ombilic.

DIMENSIONS. — Diamètre maximum : 5 1/2 à 7 millim.
            Hauteur totale :   3 1/2 à 4 1/2 —

OBSERVATIONS. — Cette espèce nous paraît avoir été très souvent confondue avec la véritable *Helix rugosiuscula,* dont elle en diffère cependant
par bon nombre de caractères. Aussi faut-il lui attribuer la plupart
des indications locales rapportées par erreur à l'*Helix rugosiuscula.* Si
celle-ci vit plus particulièrement dans le sud-est de la France, l'autre
a une extension géographique plus grande et va du sud-est au sud-
ouest.

C'est très probablement cette même coquille que L. Pfeiffer (1) et après
lui M. S. Clessin (2) ont indiquée : *in Gallia (Taragon, in Pyrenœis
centralibus)* qu'il faut évidemment traduire par Tarascon et rapporter à
la ville de Tarascon sur Ariège, et non pas à la ville de Taragone, comme
on serait tenté de le faire. Par suite de cette extension géographique, on
observe chez l'*Helix acosmia* quelques variations qu'il importe de noter.
Elles portent sur la taille, sur le plus ou moins d'élévation de la spire et
sur le galbe plus ou moins caréné du dernier tour. Dans certaines colonies, en effet, ce dernier tour est nettement caréné, tandis que dans
d'autres, la carène s'évanouit, et le dernier tour à sa naissance paraît

(1) L. Pfeiffer, 1853. *Nom. hel. viv.,* t. III, p. 134.
(2) S. Clessin, 1881. *Nom. hel. viv.,* p. 133.

presque exactement arrondi et aussi convexe en dessus qu'en dessous. Quant à la coloration et à l'ornementation, elles peuvent donner lieu aux variétés les plus diverses. Nous basant sur les seules modifications du galbe, nous établirons donc les variétés suivantes :

Var. *minor*, Nob. — Coquille n'atteignant pas six millimètres de diamètre, d'un galbe un peu plus globuleux, à spire un peu plus élevée, avec l'ouverture très exactement circulaire, et le dernier tour bien arrondi à sa naissance.

Var. *carinulata*, Nob. — Coquille de toutes tailles, avec le dernier tour très nettement caréné à sa naissance, sur une longueur égale au tiers de la largeur de la circonférence externe de ce tour ; ordinairement avec une ouverture un peu déprimée dans le bas, le bord inférieur plus largement arrondi.

RAPPORTS ET DIFFÉRENCES. — On a, comme nous l'avons dit, souvent confondu l'*Helix acosmia* avec l'*Helix rugosiuscula* ; elle s'en distingue pourtant très facilement : à son ombilic notablement plus large, laissant toujours voir l'avant-dernier tour sur une plus grande longueur et une plus grande largeur ; à son galbe notablement plus subglobuleux, moins déprimé, aussi convexe en dessus qu'en dessous ; au profil de ses tours plus convexes, avec une ligne suturale peu accentuée ; à son dernier tour plus convexe en dessus ; à l'insertion du bord supérieur de l'ouverture plus exactement carénale ; à son ouverture plus exactement circulaire ; etc.

Comparée à l'*Helix unifasciata*, on la reconnaîtra toujours : à son galbe général un peu moins déprimé, aussi convexe en dessus qu'en dessous, et par conséquent moins renflé en dessous ; à ses stries plus fortes, moins régulières, plus espacées ; au profil de ses tours notablement plus convexe ; au profil de son dernier tour à sa naissance, ordinairement plus anguleux, et plus régulièrement convexe ; à l'insertion du bord supérieur de l'ouverture, toujours plus haute et moins tombante à son extrémité ; à son ouverture plus circulaire ; etc.

Enfin, si on la rapproche de l'*Helix Cenisia*, dont elle rappelle un peu le galbe général subglobuleux, on voit qu'elle s'en distingue : par la régularité de la convexité du dessus par rapport à celle du dessous ; par une plus grande régularité dans le mode de distribution de ses stries ; par le profil de ses tours plus convexes ; par son dernier tour ordinairement plus anguleux à sa naissance ; par l'insertion notablement plus supérieure et plus rectiligne de son ouverture ; par le moindre évasement de l'ombilic au dernier tour, laissant voir l'avant-dernier tour sur une moins grande largeur ; etc.

HABITAT. — Il est très probable qu'il faille rapporter à l'*Helix acosmia* une très grande partie des habitats attribués par erreur à l'*Helix rugosiuscula*. Nous ne citerons ici que les stations dont nous nous sommes assuré l'exactitude : les environs d'Hyères, où a été trouvé le type, de Toulon, de Rians, de Saint-Raphaël, de la Sainte-Beaume, etc., dans le Var ; les environs de Nice, de Grasse et de Menton, dans les Alpes-Maritimes ; les environs d'Avignon, dans Vaucluse ; Beaucaire, dans le Gard ; Montpellier, dans l'Hérault ; les environs de Toulouse, de Villefranche-Lauraguais, dans la Haute-Garonne ; Auch, Marsolan, dans le Gers ; Port-Sainte-Marie, Agen, dans le Lot-et-Garonne ; Foix, dans l'Ariège ; la Gironde ; etc. — Var. *minor* : les environs de Foix, de Toulouse, de Villefranche-Lauraguais ; etc. — Var. *carinulata* : Rians, Agen, Marsolan, la Sainte-Beaume ; etc.

HELIX MICROPHANA, Bourguignat

Helix microphana, Bourguignat. *Mss.*
    —   *unifasciata (pars)*. 1857. Dumont et de Mortillet. *Cat. crit. malac. Léman*, p. 62.

DESCRIPTION. — Coquille de petite taille, d'un galbe général subdé-primé, légèrement conique en dessus, assez convexe en dessous. — Test solide, assez épais, subcrétacé, subopaque, orné de stries longitudi-nales onduleuses, assez fortes, assez irrégulières, un peu espacées, aussi fortes en dessous qu'en dessus, s'évanouissant vers l'ombilic ; d'un blanc sale passant au roux très pâle, tantôt monochrome, avec quelques rares flammulations cornées, plus ou moins obsolètes, tantôt avec une seule bande brune, étroite, supracarénale, visible sur tous les tours, et une ou plusieurs bandes de même couleur, infracarénales, en nombre très variable, le plus souvent réduites à des taches ou à des points. — Spire peu élevée, composée de cinq à cinq tours et demi, à profil bien convexe, séparés par une ligne suturale bien accusée.—Croissance spirale d'abord lente et régulière, puis un peu plus rapide à l'extrémité du dernier tour sur une longueur égale à environ un huitième de la circonférence externe de ce tour. — Dernier tour obtusément subanguleux à sa naissance sur une largeur égale à près de la moitié de ce tour, à profil plus convexe en

dessous qu'en dessus, arrondi à son extrémité. — Insertion du bord
supérieur de l'ouverture exactement carénale, à peine tombante sur une
très faible longueur tout à fait à son extrémité. — Sommet lisse, obtus,
brillant, d'un fauve un peu clair, sur une longueur égale à environ un
tour et demi. — Ombilic moyen, profond, légèrement évasé au dernier
tour, laissant voir l'avant-dernier tour sur une longueur égale à un peu
plus de la moitié de sa circonférence interne et sur une largeur plus
petite que le diamètre de l'ombilic en ce point.— Ouverture peu oblique,
assez échancrée par l'avant-dernier tour, exactement circulaire. —
Péristome discontinu, droit, aigu, non bordé intérieurement ; bords
exactement arrondis ; bord columellaire à peine réfléchi sur l'ombilic.

DIMENSIONS. — Diamètre maximum : 5 1/2 à 6 millim.
Hauteur totale : 3 à 3 1/4 —

OBSERVATIONS. — Il est probable qu'il faut voir dans cette espèce les
formes indiquées par MM. Dumont et de Mortillet, sous les noms d'*Helix
unifasciata*, var. *minor* et *alpina* (1). Malheureusement, dans leur travail,
les auteurs se sont plus préoccupés du mode d'ornementation de la
coquille que de son galbe et de ses caractères essentiels. Nous savons
cependant que l'*Helix microphana* vit dans les Alpes, notamment dans le
Dauphiné et la Savoie.

Cette forme varie peu ; ses caractères sont constants. Dans le jeune
âge, le dernier tour est fortement caréné à sa naissance ; cette carène
subsiste toujours lorsque l'animal est adulte et même sénile ; seulement,
tout en s'atténuant, elle n'en reste pas moins bien visible. Une particula-
rité de cette espèce, c'est l'absence absolue de tout bourrelet interne,
quel que soit l'âge du sujet. Déjà chez l'*Helix acosmia* nous avons vu
que ce bourrelet était très atténué, à tel point qu'il avait échappé à son
premier observateur ; mais si, chez les coquilles bien adultes, ou même
déjà vieilles, ce bourrelet apparaît un peu, il fait ici complètement
défaut.

RAPPORTS ET DIFFÉRENCES. — Vu les données si précises des caractères ombilicaux, il nous paraît inutile de revenir ici sur les rapproche-
ments et différences entre cette espèce et celles du premier sous-
groupe qui affectent un galbe aussi déprimé. Dans le second sous-
groupe, parmi les Hélices à ombilic moyen, il n'en est aucune qui soit

(1) Dumont et de Mortillet, 1857. *Catal. crit. malac.*, p. 63 et 64.

aussi déprimée, avec une spire aussi peu élevée, tout en ayant pour les tours de la spire un profil aussi convexe. Une telle espèce nous semble donc impossible à confondre avec ses congénères.

HABITAT. — L'*Helix microphana* vit à des altitudes très différentes ; nous la connaissons dans les stations suivantes : Bonneville en Savoie à 500 et 600 mètres d'altitude ; la Salette, près de Corps, dans l'Isère ; les environs de Gap, dans les Hautes-Alpes ; le col de la Magdeleine, dans les Basses-Alpes, à 2000 mètres d'altitude ; Limoux, dans l'Aude ; Agen, dans le Lot-et-Garonne ; etc.

HELIX ILICETORUM, J. Mabille

Helix ilicetorum, J. Mabille, 1881. In *Bull. soc. Phil. Paris*, p. 123.

DESCRIPTION. — Coquille de petite taille, d'un galbe général subglobuleux un peu déprimé, un peu plus convexe en dessus qu'en dessous. — Test solide, épais, crétacé, subopaque, orné de stries longitudinales onduleuses, assez fines, très irrégulières, peu saillantes, moins fortes en dessous qu'en dessus, s'évanouissant à la naissance de l'ombilic ; d'un blanc brillant, passant au blanc sale, le plus souvent monochrome, parfois avec une bande brune, étroite, continue ou discontinue, supracarénale, et plusieurs bandes de même couleur, réduites à des taches ou à des points inégalement espacés entre la carène et l'ombilic. — Spire un peu convexe, légèrement conoïde, composée de cinq à cinq tours et demi, à profil bien convexe, séparés par une ligne suturale bien marquée. — Croissance spirale d'abord lente et régulière dans les premiers tours, un peu plus rapide aux autres tours, le dernier plus développé sur le quart de sa longueur à l'extrémité. — Dernier tour bien arrondi à sa naissance comme à son extrémité, à peu près aussi convexe en dessus qu'en dessous. — Insertion du bord supérieur de l'ouverture sensiblement médiane, légèrement tombante à son extrémité. — Sommet lisse, obtus, brillant, d'un fauve corné plus ou moins foncé sur près des deux tiers de la spire. — Ombilic moyen, très profond, légèrement évasé au dernier tour, laissant voir l'avant-dernier tour à sa naissance sur une longueur égale à un peu plus du tiers de sa circonférence interne, et sur une largeur égale à environ le tiers du diamètre de l'ombilic en ce même point. — Ouverture un peu oblique, médiocrement échancrée par l'avant-dernier tour, arrondie. — Péristome discontinu, droit, aigu, bordé intérieurement d'un léger bourrelet blanchâtre sur toute la périphérie, un peu plus fort en bas qu'en haut ; bord supérieur court, un peu rectiligne ; bords extérieur et inférieur bien arrondis ; bord columellaire court, un peu réfléchi sur l'ombilic.

DIMENSIONS. — Diamètre maximum : 7 à 8 millim.
Hauteur totale : 3 1/2 à 4 —

OBSERVATIONS. — L'*Helix ilicetorum* occupe, comme taille, dans notre classification, une place intermédiaire entre l'*Helix gratiosa* et les autres petites espèces ; mais comme galbe, elle en diffère notablement. C'est, du reste, une coquille parfaitement caractérisée, qui procède par ses caractères généraux un peu de chacune des différentes espèces que nous venons de passer en revue.

RAPPORTS ET DIFFÉRENCES. — Comparée à l'*Helix gratiosa*, l'*Helix ilicetorum* s'en distingue : par sa taille plus petite ; par son galbe plus déprimé, aussi convexe en dessus qu'en dessous ; par sa spire moins conique ; par son dernier tour plus gros, plus arrondi, plus développé ; par son accroissement spiral moins régulier ; par son ouverture encore plus arrondie ; par ses stries plus accentuées. Rapprochée de l'*Helix unifasciata* on la reconnaîtra : à sa spire moins élevée ; à son galbe aussi convexe en dessus qu'en dessous ; à son dernier tour plus arrondi ; à ses stries plus fortes, plus irrégulières ; à son ombilic laissant voir à l'intérieur une plus grande longueur de l'avant-dernier tour sur une plus grande largeur ; etc. Enfin, voisine de l'*Helix microphana*, on la différenciera : à son galbe moins déprimé dans son ensemble ; à sa spire à tours moins étagés ; à ses stries moins fortes, moins régulières ; à son dernier tour bien arrondi à sa naissance, à peu près aussi convexe en dessous qu'en dessus ; etc.

HABITAT. — Nous connaissons cette coquille dans les stations suivantes : aux environs de Grasse, dans les Alpes-Maritimes ; à Abriès, dans le Queyras, dans les Hautes-Alpes. M. P. Fagot nous a communiqué trois échantillons peu typiques, de taille plus forte, récoltés dans les prairies de Salatery près Montgaillard, dans l'Ariège.

HELIX GAROCELIANA, Locard

Helix unifasciata (pars), **Dumont et de Mortillet, 1857.** *Cat. crit. malac. Léman*, p. 62.

DESCRIPTION.—Coquille de petite taille, d'un galbe général subconique-globuleux, conique en dessus, assez convexe en dessous. — Test solide épais, crétacé, subopaque, orné de stries longitudinales assez fortes, assez régulières, un peu saillantes, régulièrement espacées, presque aussi fortes en dessous qu'en dessus, s'évanouissant vers la naissance de l'ombilic; d'un blanc grisâtre ou jaunâtre, rarement monochrome, le plus souvent avec une bande brune, un peu cornée, continue ou discontinue, plus ou moins large, supracarénale et visible sur toute la spire, et d'autres bandes de même couleur en nombre très variable, ordinairement réduites à des taches ou à des points, inégalement répartis entre la ligne carénale et l'ombilic. — Spire un peu conique composée de cinq à cinq tours et demi, à profil convexe, séparés par une ligne suturale bien marquée. — Croissance spirale lente et régulière depuis le sommet jusqu'à l'extrémité, le dernier tour à peine un peu plus fort que les tours précédents. — Dernier tour très obtusément subcaréné à sa naissance sur une très faible longueur, à peine un peu plus convexe en dessous qu'en dessus. — Insertion du bord supérieur de l'ouverture inframédiane, lentement tombante à son extrémité sur une longueur égale environ au huitième de la circonférence interne du dernier tour. — Sommet lisse, obtus, corné, brillant d'un fauve peu foncé sur un tour et demi environ. — Ombilic moyen, profond, légèrement évasé au dernier tour, laissant voir à l'intérieur l'avant-dernier tour à sa naissance sur une longueur égale aux trois quarts de sa circonférence interne, et sur une faible largeur. — Ouverture exactement circulaire, un peu oblique, médiocrement échancrée par l'avant-dernier tour. — Péristome discontinu, droit, aigu, non bordé intérieurement; bords supérieur, extérieur et inférieur exactement arrondis; bord columellaire également arrondi très légèrement réfléchi sur l'ombilic.

DIMENSIONS. — Diamètre maximum : 6-7 millim.
      Hauteur totale :   4 5 —

OBSERVATIONS. — De toutes les espèces que nous avons examinées jusqu'à présent, c'est l'*Helix Garoceliana* qui présente sous un ombilic aussi large la forme la plus conique-globuleuse, avec la spire la plus haute. Il est probable que cette forme a dû être confondue avec l'*Helix Cenisia* par quelques auteurs. C'est sous ce nom que nous l'avons récemment reçue des mains de M. Carlo Pollonera, de Turin. C'est également une forme confondue par MM. Dumont et de Mortillet avec l'*Helix unifasciata*, quoiqu'en réalité ces deux espèces aient bien peu de rapports entre elles, si ce n'est peut-être dans la disposition de leurs bandes ornementales. Comme galbe, cette espèce varie peu ; mais comme ornementation, elle présente les mêmes variations que l'*Helix unifasciata*. On peut donc établir les variétés *unicolor*, *radiata*, *interrupta*, *hypogramma*, etc. Ces variétés vivent souvent ensemble dans la même colonie.

RAPPORTS ET DIFFÉRENCES. — L'*Helix Garoceliana* ne peut être rapprochée que des *Helix Cenisia* et *H. ilicetorum*. Comparée à l'*Helix Cenisia*, elle s'en distingue : par son galbe général bien plus conique ; par sa spire notablement plus acuminée, avec ses tours mieux étagés ; par son test plus solide, plus crétacé ; par ses stries plus régulières ; par le profil de ses tours notablement plus convexes ; par son mode d'enroulement encore plus régulier ; par le profil de son dernier tour moins subanguleux à sa naissance, à peu près aussi convexe en dessus qu'en dessous ; etc. Il se séparera de l'*Helix ilicetorum :* par son galbe général moins déprimé ; par sa spire toujours plus élevée, le dessus de la coquille étant plus haut que le dessous ; par une plus grande régularité de ses stries ; par l'accroissement régulier de sa spire ; par le profil de son dernier tour un peu moins bien arrondi à sa naissance ; par son ouverture plus tombante ; etc.

HABITAT. — L'*Helix Garoceliana* se retrouve sur différents points de la Maurienne, ainsi que l'a constaté M. Bourguignat ; elle vit abondamment autour du lac du *Mont-Cenis ;* dans les prairies de Bonnevial, à Bourg-Saint-Maurice, dans l'Isère, et sur plusieurs points de la Savoie et de la Maurienne. Enfin, nous l'avons également reçue de Port-Sainte-Marie, dans le Lot-et-Garonne.

HELIX TARASCONENSIS, Bourguignat

Helix Tarasconensis, Bourguignat, 1884. *Mss.*

DESCRIPTION. — Coquille de petite taille, d'un galbe général conique-

globuleux, bien conique en dessus, assez convexe en dessous. — Test
solide, assez épais, subcrétacé, subopaque, orné de stries longitudinales
onduleuses, assez régulières, un peu rapprochées, un peu plus fortes en
dessus qu'en dessous, s'évanouissant à la naissance de l'ombilic; d'un
blanc roussâtre passant au fauve clair, avec une bande brune assez étroite,
continue, visible en dessus sur tous les tours de la spire, et plusieurs
bandes étroites généralement discontinues, réduites à des taches ou à
des points, rarement flammulées, inégalement réparties en dessous et en
nombre très variable entre la ligne carénale et la naissance de l'ombilic.
— Spire conique, composée de cinq tours et demi à profil assez convexe,
bien étagés les uns au-dessus des autres, séparés par une ligne suturale
médiocre. — Croissance spirale d'abord lente et régulière, puis plus
rapide au dernier tour, celui-ci s'épanouissant un peu en largeur vers
son extrémité. — Dernier tour obtusément caréné à sa naissance sur
une longueur sensiblement égale au huitième de la circonférence externe
de ce tour, bien arrondi à son extrémité, à profil un peu plus convexe
en dessous qu'en dessus. — Insertion du bord supérieur de l'ouverture
un peu infracarénale, légèrement et lentement tombante à son extrémité
sur une longueur sensiblement égale au sixième de la circonférence interne de ce même tour. — Sommet lisse, obtus, brillant, d'un fauve
corné foncé, sur près de deux tours de la spire — Ombilic moyen,
profond, légèrement évasé au dernier tour, laissant voir à l'intérieur
l'avant-dernier tour sur une longueur égale aux deux tiers de sa circonférence interne et sur une très faible largeur. — Ouverture un peu
oblique, médiocrement échancrée par l'avant-dernier tour, exactement
circulaire. — Péristome droit, aigu, non bordé intérieurement; bords
supérieur, externe et inférieur également arrondis; bord columellaire à
peine un peu plus court, légèrement réfléchi sur l'ombilic.

DIMENSIONS. — Diamètre maximum : 5 1/2 - 6 1/4.
Hauteur totale :   4 1/4 - 5

OBSERVATIONS. — Cette forme très curieuse dont nous devons la connaissance à M. Bourguignat, est proportionnellement la plus haute et la
plus conique du groupe. C'est une véritable forme de passage avec les
petites Hélices trochiformes de la faune maritime. Mais si par son galbe,
elle semble s'éloigner du groupe de l'*Helix unifasciata*, elle s'en rapproche
par la forme de ses tours, et par son ornementation.

RAPPORTS ET DIFFÉRENCES. — Nous ne pouvons rapprocher l'*Helix*

Tarasconensis que de l'*Helix Garocellana*. On le distinguera de suite : à son galbe notablement plus conique ; à sa spire plus haute, plus conique, avec des tours plus étagés ; à son test moins épais, moins crétacé ; au profil de ses tours moins convexe, avec une ligne suturale moins bien accusée ; à l'accroissement spiral notablement moins régulier, avec le dernier tour proportionnellement plus développé dans son ensemble et à son extrémité, avec un profil moins régulier ; à son ombilic laissant encore moins bien voir l'avant-dernier tour ; etc.

HABITAT. — Cette Hélice paraît appartenir à la faune méridionale. Le type que nous a communiqué M. Bourguignat provenait de Tarascon, dans l'Ariège. Nous l'avons également reçu des environs de Toulouse dans la Haute-Garonne. C'est, du reste, une forme qui semble assez rare.

C. — Coquilles à grand ombilic.

HELIX ELIMBERRISIANA, Locard

DESCRIPTION. — Coquille de petite taille, d'un galbe général conique-subpyramidal, nettement conique en dessus, médiocrement convexe en dessous. — Test solide, épais, crétacé, subopaque, orné de stries longitudinales ondulées, fortes, très régulières, régulièrement espacées, presque aussi fortes en dessous qu'en dessus, s'évanouissant à la naissance de l'ombilic ; d'un blanc grisâtre ou jaunâtre, avec une bande brune supra-carénale, plus ou moins large, visible sur tous les tours supérieurs, et des bandes infracarénales en nombre très variable, d'inégale largeur, continues ou plus souvent discontinues, réduites parfois à des taches ou à des points, irrégulièrement réparties entre la ligne carénale et l'ombilic. — Spire conique, acuminée, composée de cinq à cinq et demi tours, bien étagés les uns au-dessus des autres, à profil convexe, séparés par une ligne suturale assez profonde — Croissance spirale lente et très régulière, à peine un peu plus rapide tout à fait à l'extrémité du dernier tour. — Dernier tour arrondi à sa naissance, ou très obtusément subcaréné sur une faible longueur, également bien arrondi à son extrémité, un peu plus convexe en dessus qu'en dessous. — Insertion du bord supérieur de l'ouverture un peu infracarénale, lentement tombante à son extrémité sur une longueur sensiblement égale au sixième de la circonférence interne du dernier tour. — Sommet lisse, obtus, brillant, d'un fauve foncé, sur un peu plus de deux tours de spire. — Ombilic assez large, un peu évasé au dernier tour, profond, laissant voir l'avant-dernier tour sur les trois quarts de sa circonférence interne, et sur une largeur à la naissance sensiblement égale aux deux tiers du diamètre de l'ombilic en ce même point. — Ouverture un peu oblique, peu échancrée par l'avant-dernier tour, transversalement suboblongue-arrondie, à peine plus large que haute. — Péristome droit, aigu, bordé intérieurement par un bourrelet blanchâtre s'étendant sur toute la périphérie, un peu plus épais en bas qu'en haut. — Bord supérieur un peu court. arrondi ; bords extérieur et inférieur plus largement arrondis ; bord columellaire court, légèrement réfléchi sur l'ombilic.

DIMENSIONS. — Diamètre maximum : 5 1/2.
Hauteur totale : 4 1/2.

OBSERVATIONS. — Avec l'*Helix Elimberrisiana*, nous entrons dans la série des Hélices du groupe de l'*Helix unifasciata* à ombilic large. Ce qui caractérise surtout notre espèce, c'est son galbe nettement conique, avec une spire élevée, à profil général très peu convexe, tandis que le dessous est lui-même peu convexe. C'est en quelque sorte une forme de passage au groupe de l'*Helix pyramidata* (1). C'est encore une espèce qui a dû être confondue avec l'*Helix rugosiuscula*, quoiqu'elle en soit bien différente ; nous l'avons reçue jadis des mains de M. l'abbé Dupuy sous ce nom.

RAPPORTS ET DIFFÉRENCES. — Il ne nous paraît pas nécessaire, après ce que nous avons déjà dit, de revenir sur les caractères différentiels qui existent entre l'*Helix Elimberrisiana* et l'*Helix rugosiuscula*. Le galbe, la manière d'être de la spire, de l'ombilic, du dernier tour, sont tellement différents qu'il ne nous semble pas possible que l'on puisse confondre ces deux formes ainsi établies. Nous nous bornerons donc à la rapprocher de l'*Helix Tarasconensis ;* on la distinguera de cette dernière espèce à son galbe plus nettement conique, avec une spire à profil plus rectiligne, plus pyramidal et non convexe, le dessous notablement plus déprimé, moins convexe ; à son ombilic un peu plus grand ; à ses tours de spire

____

(1) *Helix pyramidata*, Draparnaud, 1805. *Hist. moll.*, p. 80, pl. **V.** fig. 5, 6.

mieux étagés, à profil plus arrondi, à ses stries plus fortes, plus régulières ; à l'accroissement de ses tours également plus réguliers ; à son ouverture moins exactement circulaire ; à son péristome bordé intérieurement ; etc.

Habitat. — Les environs d'Auch, dans le Gers ; Port-Sainte-Marie, dans le Lot-et-Garonne ; Saint-Michel de Lanes, dans l'Aude.

HELIX AURIGERANA, P. Fagot

Helix Aurigerana, P. Fagot, 1884. *Diagn. esp. nouv. pour la faune franç.*, p. 7.
     — *rugosiuscula. Pars auctorum.*

Description. — Coquille de petite taille, d'un galbe général subglobuleux, à peu près aussi convexe en dessus qu'en dessous. — Test solide, épais, subcrétacé, subopaque, orné de stries longitudinales ondulées, fortes, régulières, assez espacées, à peu près aussi fortes en dessous qu'en dessus, s'évanouissant à la naissance de l'ombilic ; d'un blanc roux, un peu clair, avec une bande brune, supracarénale, assez mince, continue ou discontinue, quelquefois flammulée, visible sur tous les tours de la spire, et des bandes également brunes, en nombre très variable, le plus souvent discontinues, réduites à des taches ou à des points, soudées ou indépendantes, irrégulièrement réparties en dessous entre la ligne carénale et l'ombilic. — Spire un peu élevée, composée de cinq à cinq tours et demi, nettement étagés les uns au-dessus des autres, à profil convexe, séparés par une ligne suturale bien accusée. — Croissance spirale lente et régulière, à peine un peu plus rapide à l'extrémité du dernier tour. — Dernier tour bien arrondi à sa naissance comme à l'extrémité, aussi convexe en dessus qu'en dessous. — Insertion du bord supérieur de l'ouverture infracarénale, légèrement et régulièrement tombante à son extrémité sur une longueur sensiblement égale au cinquième de la circonférence interne du dernier tour. — Sommet lisse, obtus, brillant, d'un fauve foncé ou noirâtre, sur deux tours environ de la spire. — Ombilic large, profond, un peu évasé au dernier tour, laissant voir l'avant-dernier tour sur une longueur égale aux trois quarts de sa circonférence interne, et sur une largeur à sa naissance égale à un peu plus de la moitié du diamètre de l'ombilic en ce même point. — Ouverture légèrement échancrée par l'avant-dernier tour, transversalement suboblongue-arrondie, légèrement plus large que haute. — Péristome discontinu, droit, aigu, bordé intérieurement, sur toute sa périphérie, par un bourrelet blanchâtre peu épais, peu saillant, un peu plus fort en bas qu'en haut; bord supérieur court, légèrement rectiligne; bord extérieur arrondi ; bord inférieur plus largement arrondi ; bord columellaire court, arrondi, légèrement réfléchi sur l'ombilic.

DIMENSIONS. — Diamètre maximum : 6-7.
Hauteur totale : 3 1/2 - 4 1/2.

OBSERVATIONS. — Cette espèce, souvent confondue par la plupart des auteurs avec l'*Helix rugosiuscula* a été très bien décrite par M. P. Fagot qui le premier nous l'a fait connaître. On peut dire de cette coquille que c'est bien la forme *rugosiuscula* des Pyrénées françaises. Tout en étant globuleuse, elle présente ce caractère assez particulier d'être à peu près aussi convexe en dessus qu'en dessous.

Son ornementation est des plus variable. Tantôt la bande supérieure est nettement tracée comme chez le type de l'*Helix unifasciata*, tantôt au contraire, elle est flammulée, interrompue, et rappelle la disposition ornementale de la var. *thymorum* (1); en dessous le nombre, la position, la manière d'être des bandes est excessivement variable, on peut donc établir pour l'*Helix Aurigerana* les mêmes variétés *thymorum, radiata, interrupta, hypogramma, obscura, etc*, que nous avons déjà inscrites pour l'*Helix unifasciata*, variétés s'appliquant à des coquilles de toutes tailles, et uniquement basées sur le mode de l'ornementation.

RAPPORTS ET DIFFÉRENCES. — On ne peut confondre l'*Helix Aurigerana* avec l'*Helix rugosiuscula;* elle s'en distingue de suite : par son ombilic beaucoup plus grand ; par son galbe subglobuleux, aussi convexe en dessus qu'en dessous, et non pas subanguleux ; par son ouverture plus arrondie ; par son péristome moins fortement bordé à l'intérieur ; etc. Rapprochée de l'*Helix Elimberrisiana*, on la reconnaîtra : à son galbe plus globuleux, moins conique; à sa spire plus convexe, moins acuminée; à son test moins crétacé; à ses stries moins régulières; à son dernier tour arrondi à sa naissance, et plus régulier dans son profil; à son ouverture moins régulièrement circulaire ; etc.

HABITAT. — L'*Helix Aurigerana* a été signalée par M. P. Fagot, à

(1) Vide ante p. 32.

Mazères, sur le grand Lers, près Saverdun, dans l'Ariège ; à Odars, dans
le canton de Montgiscard-Villefranche, dans la Haute-Garonne ; nous
l'avons également reçu des alluvions de la Garonne, à Toulouse, dans
la Haute-Garonne et des environs de cette ville.

HELIX USSATENSIS, Bourguignat

Helix Ussatensis, Bourguignat, 1884. *In* P. Fagot, *Diagn. esp. nouv.*, p. 9.

DESCRIPTION. — Coquille de petite taille, d'un galbe général subglobuleux légèrement déprimé, un peu plus convexe en dessous qu'en
dessus. — Test solide, épais, crétacé subopaque, orné de stries longitudinales onduleuses peu saillantes, assez fines, assez régulières, un peu
plus fortes en dessus qu'en dessous, s'évanouissant à la naissance de
l'ombilic, d'un blanc grisâtre, un peu jaunâtre, tantôt monochrome,
tantôt avec une seule bande étroite, brune, continue, supracarénale, visible sur tous les tours, et des bandes de même coloration infracarénales,
le plus souvent discontinues, réduites à des taches ou à des points, irrégulièrement réparties entre la ligne carénale et l'ombilic. — Spire peu
élevée, composée de cinq à cinq tours et demi, peu étagés, à profil peu
convexe, séparés par une ligne suturale peu profonde. — Accroissement
spiral lent et très régulier depuis le sommet jusqu'à l'extrémité. — Dernier
tour très obtusément anguleux sur une longueur égale au tiers de la
circonférence externe, arrondi à l'extrémité, à peine plus convexe en
dessous qu'en dessus. — Insertion supérieure du bord de l'ouverture
infracarénale, descendant subitement et assez brusquement à l'extrémité
sur une longueur sensiblement égale au sixième de la circonférence interne du dernier tour. — Sommet lisse, obtus, brillant d'un fauve un peu
foncé sur près de deux tours de la spire. — Ombilic bien élargi, évasé
au dernier tour, laissant voir facilement l'avant-dernier tour sur les trois
quarts de sa circonférence interne et sur une largeur à sa naissance sensiblement égale aux deux tiers du diamètre de l'ombilic en ce point. —
Ouverture oblique, médiocrement échancrée par l'avant-dernier tour,
presque exactement circulaire. — Péristome discontinu, droit, aigu,
bordé intérieurement par un bourrelet blanchâtre peu épais, s'étendant
sur toute la périphérie, un peu plus épais dans le bas que dans le haut ;
bords supérieur, extérieur et inférieur également arrondis ; bord columellaire un peu plus court, légèrement réfléchi sur l'ombilic.

DIMENSIONS. — Diamètre maximum : 6   millim
                Hauteur totale :   3 1/2 —

OBSERVATIONS. — C'est encore à M. P. Fagot que nous devons la première description de cette espèce. A mesure que nous avançons dans la
série des Hélices de ce groupe, l'ombilic des coquilles devient de plus en
plus grand, celui de l'*Helix Ussatensis* est déjà bien plus grand que celui
des espèces dont nous nous sommes occupé jusqu'à présent. Comme le dit
M. Fagot : « On reconnaîtra à première vue cette espèce, remarquable
par son ombilic extrêmement large, en forme d'entonnoir régulier,
et vers lequel semble plonger la partie la plus inférieure du dernier
tour. »

D'après les échantillons que nous possédons, outre les variétés basées
sur le mode de disposition des bandes et fascies, ou même sur leur
absence, on peut établir la variété suivante :

Var. *conica*. Nob. — Coquille de même taille que le type, avec le
même ombilic, mais à spire plus haute, plus acuminée, avec des tours
plus étagés, à profil plus arrondi, non caréné à la naissance du dernier
tour.

RAPPORTS ET DIFFÉRENCES. — Avec de tels caractères ombilicaux, l'*Helix
Ussatensis* ne peut être confondue avec aucune des espèces qui précèdent.
Rapprochée de l'*Helix Aurigerana* qui vit dans quelques stations communes,
on la distinguera : à son ombilic plus grand ; à son galbe plus déprimé,
avec le dessous plus convexe ; à son test plus crétacé, moins fortement
strié ; à son dernier tour plus anguleux à la naissance, plus descendant à
son extrémité ; à son ouverture plus exactement circulaire ; etc.

HABITAT. — M. Fagot a signalé cette espèce à Ussat-les-Bains, Foix,
Mazères dans l'Ariège ; dans les prairies du Port-Garaud près de Toulouse,
et aux environs de Villefranche-Lauraguais dans la Haute-Garonne ; nous
la connaissons également à Dourgne dans le Tarn.

HELIX ARELATENSIS, Locard

DESCRIPTION. — Coquille de petite taille, d'un galbe globuleux-conique,
convexe-conique en dessus, assez convexe en dessous. — Test solide,
épais, subcrétacé, subopaque, orné de stries longitudinales peu fines,
assez régulières, un peu plus fortes en dessus qu'en dessous, s'évanouis-

sant à la naissance de l'ombilic ; d'un blanc grisâtre, avec une bande
supracarénale brune, tantôt mince et continue, visible sur tous les tours,
tantôt plus ou moins discontinue et flammulée, et des bandes infracarénales
en nombre très variable, de même coloration, le plus souvent discontinues,
réduites à des taches ou à des points, inégalement répartis entre la
carène et l'ombilic. — Spire conique, assez élevée, composée de cinq
tours bien étagés, à profil presque plat, ou à peine convexe, séparés par
une ligne suturale médiocre. — Croissance spirale, d'abord lente et régulière, puis un peu plus rapide à l'extrémité du dernier tour, sur une
longueur égale à environ le huitième de la circonférence interne de ce
tour. — Dernier tour obtusément anguleux à sa naissance sur une longueur
égale au quart de sa circonférence externe, bien arrondi à son extrémité,
un peu plus convexe en dessous qu'en dessus. — Insertion du bord supérieur de l'ouverture infracarénale, lentement et régulièrement descendante
à son extrémité sur une longueur égale au sixième de la circonférence in -
terne de ce tour. — Sommet lisse, obtus, brillant, d'un fauve foncé ou noirâtre, sur un tour et demi environ. — Ombilic très large, très profond, légèrement évasé au dernier tour, laissant voir sur une faible largeur la moitié
de la circonférence interne de l'avant-dernier tour. — Ouverture oblique,
très peu échancrée par l'avant-dernier tour, presque exactement circulaire. — Péristome discontinu, droit, mince, aigu, sans bourrelet interne ;
bords également arrondis ; bord columellaire très légèrement réfléchi
sur l'ombilic.

DIMENSIONS. — Diamètre maximum : 5 millim.
           Hauteur totale :   3 3/4 —

OBSERVATIONS. — L'*Helix Arelatensis* qui termine la série des espèces
de ce groupe représente la forme dont l'ombilic est de beaucoup le plus
grand ; c'est également avec ces *Helix Tarasconensis* et *Helix Elimberrisiana* une des formes les plus coniques. Sa taille est toujours assez petite,
son galbe varie peu ; il n'en est pas de même de son ornementation qui
semble au contraire extrêmement variable, de telle sorte que l'on peut
établir à ce point de vue les mêmes variétés que celles que nous avons
déjà signalées à propos de l'*Helix unifasciata.*

RAPPORTS ET DIFFÉRENCES. — Les caractères ombilicaux de cette espèce
suffiraient à eux seuls pour la différencier de toutes ses congénères.
Rapprochée de l'*Helix Ussatensis,* on la distinguera : à son galbe plus

conique, avec la spire plus acuminée, plus élevée ; à son test moins
crétacé ; à ses tours à profil notablement moins convexe ; à son ombilic
encore plus ouvert et laissant voir une moins grande surface de l'avant-
dernier tour ; à son dernier tour encore plus tombant ; à l'absence du
bourrelet interne ; etc. On ne saurait non plus la confondre avec la var.
conica que nous avons établie pour l'*Helix Ussatensis*, car celle-ci a ses
tours plus arrondis, plus convexes, et le dernier n'est point anguleux à sa
naissance.

Rapprochée des *Helix Elimberrisiana* et *H. Tarasconensis*, on la reconn-
naîtra : à son galbe moins pyramidal, plus globuleux ; à ses tours de spire
moins convexes, tout en étant moins étagés ; à ses stries un peu plus obsolètes, plus atténuées en dessous ; à son ombilic beaucoup plus grand,
tout en laissant moins bien voir l'avant dernier-tour ; etc.

Habitat. — Nous avons reçu, il y a quelques années, cette jolie petite
espèce des environs d'Arles dans les Bouches-du-Rhône, et plus récemment de Saint Andiol dans le même département ; et elle vit également
aux environs de Grasse dans les Alpes-Maritimes.

FIN.

TABLE DES MATIÈRES

LYON, IMP. PITRAT AÎNÉ, 4, RUE GENTIL

CARACTÈRES GÉNÉRAUX ET COMPARATIFS
DES
HÉLICES FRANÇAISES DU GROUPE DE L'HELIX UNIFASCIATA, Poiret

COQUILLE	GALBE GÉNÉRAL	GALBE DU DESSUS / GALBE DE DESSOUS	NATURE DU TEST	NATURE DES STRIES	NOMBRE DES TOURS	PROFIL DES TOURS SUPÉRIEURS	ACCROISSEMENT SPIRAL	PROFIL DU DERNIER TOUR À SA NAISSANCE	NATURE DE LA CARÈNE
[illegible]	très étroit	très déprimé / submamelonné, tel très renflé	sablonné	assez fines, régulières	5-6 1/2	peu creuse	régul., sauf autr.	anguleux	obtuse
[illegible]	—	subglobuleux-déprimé / submamelonné, tels renflé	suborné	assez fortes, noueuses	5-5 3/8	convexe	très régulier	très anguleux	noueuse
[illegible]		subdéprimé / subcouchée, légèrement renflé	—	assez fortes, nous régul.	4-5 1/8	légèr. convexe	—	subanguleux	obtuse
[illegible]	étroit	— / submamelonné, légèrement renflé	—	assez fines, régul.	5-5 3/8	—	régul., sauf autr.	—	—
[illegible]	..	subglob. lég. déprimé / un peu enroulée, tel renflé	—	— —	4 1/2-5	bien convexe	régulier	obtur. subanguleux	très obtuse
[illegible]	—	globuleux / submamelonné, tels renflé	enfoncé	assez fortes, irrégulières	5 1/3	—	—	obtus. anguleux	obtuse
[illegible]	moyen	subglobuleux déprimé / un peu enroulée, légèrement renflé	—	assez fines, régul.	5-5 1/8	peu convexe	régul., sauf aut.	arrondi	nulle
[illegible]	—	subglob. lég. déprimé / un peu conique, assez renflé		très fines, très régul.	5 1/8	un peu convexe	— —	subarrondi	presque nulle
[illegible]	..	subglobuleux / conique déprimé, tel renflé	subcrétacé	assez fines, irrégul.	5-5 1/8	peu convexe	.. —	subanguleux	très obtuse
[illegible]	—	subglobuleux-déprimé / convexe, du même	.	assez fortes, assez régul.	5-5 1/8	bien convexe	presque régulier	—	obtuse
[illegible]	—	subdéprimé / légèrement conique, assez obtuse	—	assez fortes, assez irrég.	5 1/2	.	assez régulier	..	—
[illegible]	..	subglobuleux-déprimé / convexe, convexe	crétacé	assez fines, très irrégul.	5 1/2	.	irrégulier	arrondi	nulle
[illegible]	—	subconique-globuleux / conique, convexe	—	assez fortes, assez régul.	5 1/2	—	très régulier	lég. subanguleux	presque nulle
[illegible]	.	conique-globuleux / bien conique, convexe	subcrétacé	— —	5 1/2	assez convexe	irrégulier	—	[illegible]
[illegible]	large	conique subpyramidal / bien conique, peu convexe	crétacé	fortes, très régulières	5 1/8	convexe	très régulier	obtur. subanguleux	peu obtuse
[illegible]	.	subglobuleux / convexe, convexe	subcrétacé	fortes, régulières	5 1/2	—	régulier	arrondi	nulle
[illegible]	très large	subglob. lég. déprimé / convexe, plus convexe	crétacé	assez fines, assez régul.	5 1/2	peu convexe	..	subanguleux	très obtuse
[illegible]	..	globuleux-conique / convexe, assez convexe	subcrétacé	assez fines, assez régul.	5-6 1/2	très peu convexe	irrégulier	—	obtuse

COQUILLE	GALBE DU DERNIER TOUR (en Dessus et en Dessous) À SON EXTRÉMITÉ	PROFIL DU DERNIER TOUR À SON EXTRÉMITÉ	ESSENTRICE DU BORD SUPÉRIEUR DE L'OUVERTURE	ALLURE DE L'OMBILIC	LONGUEUR du demi-diamètre vis-à-vis de l'occlé	FORME DE L'OUVERTURE	DOUBLURE DU PÉRISTOME	DIAMÈTRE MAXIMUM	HAUTEUR TOTALE
[illegible]	déprimée-convexe / très convexe	obtus, angul.	intermédiaire / légèrement bombardé	lég. évasé	3/4	semi-oblongue	épais	..	3
[illegible]	convexe / plus convexe	anguleux	subconvexe / du même	peu évasé	1/2	oblongue-arr.	plus épais	4 1/8-4 1/2	3 1/2-6 1/4
[illegible]	convexe / plus convexe	arrondi	intermédiaire / du même	—	—	oblong.-subrect.	assez épais	5 1/2-7 1/2	3 1/2-5 1/2
[illegible]	intermédiaire / plus convexe	—	intermédiaire / du même	lég. évasé	3/4	irrég. arrondie	très épais, irrég.	5-6	3 1/4-3 1/2
[illegible]	convexe / très épaisse	—	convexe / légèrement anguleuse	—	1/2	arrondie	assez épais	5-6	3 1/2-4
[illegible]	convexe / très convexe	.	intermédiaire / à peu près anguleuse	à peine évasé	—	oblong. arr.	épais	6-7 1/8	4-6 1/2
[illegible]	convexe / plus convexe	..	convexe / léger. renflé	un peu évasé	3/4	arrondie	assez épais	5-11	5-6
[illegible]	convexe / plus convexe	..	intermédiaire / du même	léger. évasé	3/8	léger. elliptique	très épais, irrég.	5 1/2-7	3 1/2-6
[illegible]	[illegible]	..	intermédiaire / du même	peu évasé	..	circulaire	peu épais	5 1/2-6	3 1/2-5 1/2
[illegible]	[illegible]	..	convexe / du même	léger. évasé	..	—	mixte	5 1/2-6	4 1/2-5 1/2
[illegible]	[illegible]	..	convexe / du même	..	1/2	—	ovd	5 1/2-6	4 1/2-5 1/2
[illegible]	[illegible]	..	intermédiaire / du même	...	7/8	—	très léger	7-8	3 1/2-4
[illegible]	[illegible]	.	intermédiaire / du même	un peu évasé	3/4	..	nul	6-7	4-5
[illegible]	[illegible]	..	intermédiaire / du même	peu évasé	7/8	..	..	4 1/2-5 1/2	4 1/2-5
[illegible]	[illegible]	..	subintermédiaire / du même	léger. évasé	7/8	subcirculaire	assez épais	5 1/2	4 7/8
[illegible]	[illegible]	—	intermédiaire / du même	peu évasé	—	subcirculaire	peu épais	6-7	3 1/2-4 1/2
[illegible]	[illegible]	..	subintermédiaire / du même	évasé	—	circulaire	..	6	3 1/2
[illegible]	[illegible]	..	intermédiaire / bien bombardé	léger. évasé	1/2	..	..	5	2 3/4

[cachet — IMPRIMÉS]

Extrait de la Société d'Agriculture, Histoire naturelle et Arts utiles de Lyon
Séance du 7 novembre 1884

www.ingramcontent.com/pod-product-compliance
Lightning Source LLC
Chambersburg PA
CBHW051633060726
47597CB00004B/1549